U0155236

ANSYS Fluent
2020
工程案例详解

孙立军◎编著

**视 频
教程版**

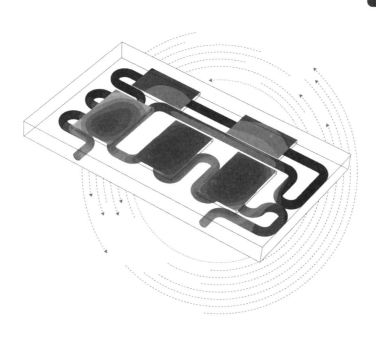

北京大学出版社
PEKING UNIVERSITY PRESS

内 容 简 介

ANSYS Fluent 2020 涵盖各种物理建模功能，可对工业应用中的流动、湍流、热交换等进行建模，具有超强的可扩展的高性能计算功能，能够快速高效地解决复杂的流体动力学仿真问题。本书从 Fluent 2020 仿真计算基础理论讲起，详细分析说明 Fluent 仿真计算操作设置并深入到项目实战案例，重点介绍使用 Fluent 进行大功率电力电子、污染物泄露扩散等领域的仿真计算，读者不但可以系统地学习如何进行 Fluent 仿真分析设置，而且还能对 Fluent 解决实际工程问题分析有更为深入的理解。

本书分为 15 章，内容主要包括 Fluent 软件操作及设置，以及 13 个实际工程案例的详解。覆盖湍流流动、传热、组分输送模型、多相流、颗粒离散相、噪声等，涉及流体流动、燃烧传热、大功率电力电子散热、污染物泄漏扩散、多相流流动及建筑物舒适性等工程问题。

本书内容通俗易懂，案例丰富，实用性强，特别适合 Fluent 2020 的入门读者和进阶读者阅读，也适合具有一定工程经验的结构、土木、建筑等领域其他 Fluent 爱好者阅读。另外，本书也适合作为相关培训机构的教材使用。

图书在版编目(CIP)数据

ANSYS Fluent 2020工程案例详解：视频教程版 /孙立军编著. — 北京：北京大学出版社，2021.4
ISBN 978-7-301-32048-8

Ⅰ.①A… Ⅱ.①孙… Ⅲ.①工程力学 – 流体力学 – 有限元分析 – 应用软件 Ⅳ.①TB126–39

中国版本图书馆CIP数据核字(2021)第044589号

书 名	ANSYS Fluent 2020工程案例详解（视频教程版）
	ANSYS Fluent 2020 GONGCHENG ANLI XIANGJIE（SHIPIN JIAOCHENG BAN）
著作责任者	孙立军 编著
责任编辑	王继伟 刘 云
标准书号	ISBN 978-7-301-32048-8
出版发行	北京大学出版社
地 址	北京市海淀区成府路205号 100871
网 址	http://www.pup.cn 新浪微博:@北京大学出版社
电子信箱	pup7@pup.cn
电 话	邮购部 010-62752015 发行部 010-62750672 编辑部 010-62570390
印 刷 者	北京溢漾印刷有限公司
经 销 者	新华书店
	787毫米×1092毫米 16开本 22.25印张 536千字
	2021年4月第1版 2021年4月第1次印刷
印 数	1–4000册
定 价	89.00元

ANSYS Fluent 2020 是目前应用范围最广的 CFD 软件。其内部有丰富的物理模型，包括但不限于湍流流动、传热、组分输送模型、多相流、颗粒离散相、噪声等；有先进的数值离散方法，包括但不限于一阶迎风、二阶迎风等；具有高效便捷的网格前处理及计算结果后处理功能。只要涉及流体流动、燃烧传热、大功率电力电子散热、污染物泄漏扩散、多相流流动及建筑物舒适性等工程问题，均可以用 ANSYS Fluent 软件进行求解计算。因此熟练掌握 ANSYS Fluent 设置、工程问题简化和仿真分析，就显得尤为重要。

软件使用体会

笔者从 2012 年开始接触 ANSYS Fluent 软件，从最开始的 Fluent 6.3 到目前的 Fluent 2020，在使用中见证了 Fluent 软件的完善过程。从开始按照教程进行简单案例计算，到逐步自主进行简单案例的仿真计算，再到将案例整理成书，其中最大的体会是初学者不要怕辛苦，要多进行仿真案例计算，学习如何把复杂工程化问题简化为运用 Fluent 软件进行分析计算。此外 Fluent 软件功能非常强大，操作设置随着版本的升级也越来越便捷。对于 Fluent 2020 版，在结果后处理过程中创建截面实现了可视化，大大降低了初学者进行截面创建及结果后处理的难度。

本书特色

本书由具有多年 Fluent 仿真计算经验的工程人员编写。在本书中，首先对 Fluent 仿真分析基础理论进行了介绍，其次详细地介绍了 Fluent 软件操作及设置，其中分享了笔者多年来进行仿真计算的经验，最后通过对 13 个实际工程案例的讲解，系统详细地介绍了如何将工程问题简化，如何在 Fluent 中进行网格处理、模型选取、参数设置及结果后处理等。本书有如下几个特色。

● 理论基础和实例讲解并重。本书既可作为 Fluent 初学者的学习教材，又可作为对 Fluent 有一定基础的工程师进行工程问题分析的参考书。

♦ 详细的视频讲解。本书包含详细的视频讲解，可以帮助读者更好地理解笔者进行工程问题简化的思路、参数设置、模型选取及结果后处理过程，以及了解仿真计算过程中需要重点关注的内容及操作设置细节。

♦ 逻辑清晰，讲解细致。本书从结构上主要分为基础理论（第 1 章）、软件基本操作（第 2 章）和案例分析（第3~15章）三部分，此外工程案例的几何形状及讲解深度均比市面上其他教程更深入。

本书读者对象

♦ Fluent 软件初学者。

♦ 高等院校学生。

♦ 设计院工程设计人员。

♦ 科研院所研究人员。

♦ 其他对 Fluent 软件有兴趣爱好的各类人员。

资源下载

本书所涉及的讲解视频及案例模型文件已上传至百度网盘，供读者下载。请读者关注封底"博雅读书社"微信公众号，找到"资源下载"栏目，根据提示获取。

目录
CONTENTS

第 4 章　埋地输油管道周围温度场暂态分析研究

第 5 章　大空间下建筑物内外空气流动特性分析

第6章 大功率电力电子器件散热仿真分析

第 9 章

河道内污染物流动扩散仿真分析

第 10 章

不同组分气体混合分析研究

第11章 液化天然气储罐内翻滚仿真分析研究

第12章 数据机房内发热器件温度及流场仿真研究

第13章　房间空调位置对舒适度影响的仿真研究

第14章 大空间内气体污染物扩散仿真分析研究

第15章 锅炉烟道内 SNCR 脱硝冷态模拟分析研究

第 1 章
理论基础

计算流体动力学（Computational Fluid Dynamics，CFD）是指运用数值计算来模拟流体流动时的各种相关物理现象，包括但并不限于流体流动、传热及组分扩散等。计算流体动力学分析目前被广泛应用于电力电子、大数据、新基建、新能源等诸多工程领域。

本章将介绍流体力学、计算流体动力学的基本理论，以及计算流体动力学的求解过程和求解方法等。

学习目标：

- 掌握流体力学分析的基本理论
- 掌握计算流体动力学的基本理论

1.1 流体力学基本理论

1.1.1 基本概念

在进行Fluent仿真分析计算时，流体的部分物性参数及基本概念会对计算的结果有重要的影响。因此本节对一些比较重要的流体物性参数及基本概念进行说明。

1. 密度

密度的定义是单位体积内物质的质量是多少。均匀密度的计算公式如下所示：

$$\rho = \frac{M}{V} \tag{1-1}$$

其中，ρ 为流体的密度，M 为流体的质量，V 为体积。流体的密度是流体本身固有的物理变量，但是流体的密度会随着温度和压力的变化而变化。例如，在分析封闭空间内流体受热流动，则需要考虑流体密度随温度的变化关系。

2. 静压、动压和总压

对于静止状态下的流体，只有静压；对于流动状态的流体而言，则有静压、动压和总压之分。

根据流体力学中的伯努利（Bernoulli）方程可知，对于理想不可压缩的流动，其计算公式如下所示：

$$\frac{P}{\rho g} + \frac{u^2}{2g} + Z = H \tag{1-2}$$

其中，$\frac{P}{\rho g}$ 为压强水头（P 为静压），$\frac{u^2}{2g}$ 为速度水头，Z 为重力势能，这三项之和就是流体质点的总机械能，H 为总的水头高。

若将上式两边同时乘以 ρg，则可得如下计算公式：

$$P + \frac{1}{2}\rho u^2 + \rho g Z = \rho g H \tag{1-3}$$

其中，P 为静压，$\frac{1}{2}\rho u^2$ 为动压，$\rho g H$ 为总压。

在进行仿真结果后的处理过程中，以上这几个定义千万不要混淆。

3. 边界层

针对实际工程中雷诺数较大的流动仿真，在进行网格划分时，应将计算域分成两个区域：边界层区域及外部区域。

对于外部区域，忽略流体流动过程中的黏性力，采用理想流体运动理论求解出外部流动，从而得到边界层外部边界上的压力和速度分布，并将其作为边界层流动计算的外边界输入条件。

而在边界层区域必须考虑流体流动的黏性力，边界层虽然尺度很小，但是物理量在物体表面上的分布及物体表面附近的流动都与边界层内流动有联系，因此边界层的定义非常重要。

描述边界层内黏性流体运动的是 $N\text{-}S$ 方程。由于边界层厚度 δ 比特征长度小很多，而且 x 方向的速度分量沿法向的变化比切向大得多。因此 $N\text{-}S$ 方程可以在边界层内做很大的简化，简化后的方程称为普朗特边界层方程，是进行边界层流动求解的基本方程。边界层示意图如图 1.1 所示。

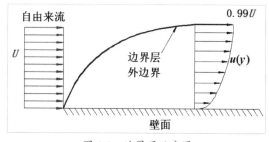

图 1.1　边界层示意图

对于雷诺数较大的边界层流动，其边界层的厚度比物体的特征长度要小得多，即 δ/L（边界层相对厚度）是一个相对较小量。因此边界层内黏性力和惯性力为同阶。

1.1.2 层流和湍流

流体的流动分为层流和湍流，层流是指流体在流动过程中层与层之间没有相互混合，而湍流是指流体在流动过程中层与层之间互相混合很剧烈。层流与湍流的判断标准为雷诺数。

流体的湍流流动是十分复杂的，目前还没有一种湍流模型能够全面、准确地对所有流动问题中的湍流现象进行模拟。

Fluent 中的湍流模型常用的主要有 Spalart-Allmaras 模型、Standard K-Epsilon 模型、RNG（重整化群）K-Epsilon 模型、Realizable K-Epsilon 模型、RSM（Reynolds Stress Model，雷诺应力模型）和 LES（Large Eddy Simulation，大涡模拟）方法等。具体的湍流模型如何选取需要基于所分析的物理过程，在实际操作过程中可以通过几个湍流模型进行计算对比，进而确定最优的湍流模型。

1.1.3 控制方程

流体流动要满足物理守恒定律，基本的守恒定律包括质量守恒定律、动量守恒定律和能量守恒定律。如果流动包含不同组分的混合或相互反应，系统还要遵守组分守恒定律。如果流动处于湍流状态，系统还要遵守附加湍流输运方程。具体介绍如下。

1. 质量守恒方程

任何流动问题都满足守恒定律：单位时间内流体微元体中质量的增加，等于同一时间间隔内流入该微元体的净质量。按照这一定律，可以得出如下公式所示的质量守恒方程：

$$\frac{\partial \rho}{\partial t} + \frac{\partial}{\partial x_i}(\rho u_i) = S_m \tag{1-4}$$

这一方程是质量守恒方程的一般形式，适用于可压流动和不可压流动。源项 S_m 是从分散的二级相中加入到连续相的质量，也可以是任何自定义源项。

2. 动量守恒方程

动量守恒定律是任何流体流动都必须满足的基本定律，其计算公式如下所示：

$$\frac{\partial}{\partial t}(\rho u_i) + \frac{\partial}{\partial x_j}(\rho u_i u_j) = -\frac{\partial P}{\partial x_i} + \frac{\partial \tau_{ij}}{\partial x_j} + \rho g_i + F_i \tag{1-5}$$

其中，P 为静压，τ_{ij} 为应力张量，g_i 和 F_i 分别为 i 方向上的重力体积力和外部体积力（如离散相互作用产生的升力）。F_i 包含其他模型相关源项，如多孔介质和自定义源项。

应力张量的计算公式如下所示：

$$\tau_{ij} = \mu\left(\frac{\partial u_i}{\partial x_j} + \frac{\partial u_j}{\partial x_i}\right) \tag{1-6}$$

3. 能量守恒方程

能量守恒定律是包含有热交换的流动系统必须满足的基本定律。对于牛顿流体而言，其能量守恒方程如下所示：

$$\frac{\partial(\rho T)}{\partial t} + \text{div}(\rho u T) = \text{div}\left(\frac{k}{c_p}\,\text{grad}\,T\right) + S_T \tag{1-7}$$

其中，c_p 为比热容，T 为温度，k 为流体的传热系数，S_T 为流体的内热源及由于黏性作用流体机械能转换为热能的部分，有时简称 S_T 为黏性耗散项。但是对于非牛顿流体，其能量方程需要再具体分析。

1.1.4 边界及初始条件

对于求解工程中遇到的流动和传热问题，在确定选用方程后，还需要确定计算边界条件；对于非定常（瞬态）问题，还需要确定初始条件。

边界条件就是在流体运动边界上控制方程应该满足的条件，对数值计算过程有很大的影响。目前 Fluent 中主要的边界类型包括以下几种。

1. 入口边界条件

常见的入口边界条件有速度入口边界条件、压力入口边界条件和质量流量入口边界条件。速度入口边界条件一般适用于不可压缩流动；压力入口边界条件既适用于可压缩流动，又适用于不可缩流动；质量流量入口边界条件一般用于已知入口质量流量的情况，可用于可压缩流动，也可用于不可压缩流动。根据仿真经验可知，当压力入口边界条件和质量流量入口边界条件均满足时，应优先选择压力入口边界条件。

2. 出口边界条件

Fluent 中常见的出口边界条件有压力出口边界条件和自由出口（质量出口）边界条件，压力出口边界条件需要在出口边界处定义出口压力，此时只用于亚声速流动。在求解过程中，如果压力出口边界处流体流动是反向的，那么回流条件也需要进行设置。

当流动出口的速度和压力未知时，可以使用质量出口边界条件进行设置。但是需要注意，如果模拟的流动为可压缩流动或边界条件中包含压力出口时，则不能使用质量出口边界条件。

3. 壁面边界条件

在进行黏性流体流动问题分析时，壁面的动量边界条件包括静止壁面及运动壁面，剪切类型包括无滑移、剪切应力等。壁面热边界条件包括恒定热流、恒定温度、对流换热及外部辐射换热等。

4. 对称边界条件

对称边界条件应用于计算模型是对称的情况。在对称轴或对称平面上没有对流通量，因此垂直于对称轴或对称平面的速度分量为 0。在对称边界上，垂直边界的速度分量为 0，任何量的梯度都为 0。

5. 周期性边界条件

如果流体的几何边界、流动和换热是周期性重复的，那么可以采用周期性边界条件。

1.2　计算流体力学概述

1.2.1　计算流体力学的求解过程

运用 Fluent 软件进行工程化问题仿真分析，一般分为如下 4 个步骤。

（1）基于实际工程，对所研究的问题建立几何物理模型，应用网格划分软件进行网格划分。对于多工况及非稳态情况的仿真分析，需要进行网格尺寸无关性验证，在满足计算精度的前提下，确定最优的网格尺寸。

（2）确定仿真计算求解所需要的初始条件，如入口、出口处的边界条件设置，如果涉及内热源发热、传热等，则需要设置发热源等其他边界条件。

（3）基于所分析的问题，选择合适的算法，设置具体的控制求解过程和收敛精度要求，对所需分析的问题进行求解，并且保存数据文件结果。

（4）选择合适的后处理器进行计算结果分析，基于分析结果对初始边界条件参数设置校核，直至得到理想的计算结果。

以上步骤构成了数值模拟的全过程，由此可知，进行工程问题合理化简化是仿真分析的第一步，并且这一步往往是最重要的。

1.2.2 有限体积法

目前常用的离散化方法有有限差分法、有限单元法和有限体积法。而在 Fluent 中主要是应用有限体积法进行仿真分析。

有限体积法是基于积分形式的守恒方程而不是基于微分方程，该积分形式的守恒方程描述的是计算网格定义的每个控制体。有限体积法着重从物理观点来构造离散方程，每一个离散方程都是有限大小的体积上某种物理量守恒的表示式推导，如图 1.2 所示。

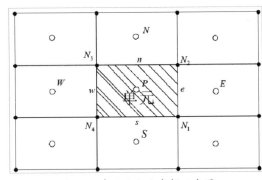

图 1.2 中的阴影部分为控制体积，单元为控制体积的中心，是待求解物理量的几何位置。图中用空心圆来代替，如图中的 W、N 等。其中的

图 1.2 有限体积法求解示意图

N_1、N_2、N_3 等为网格节点，交错的线为网格线。对于二维流动仿真，上述变量则是求解计算的基础。

1.2.3 求解方法

控制方程被离散化以后，就可以进行求解了。下面介绍几种常用的压力与速度耦合求解算法，分别是 SIMPLE 算法、SIMPLEC 算法和 PISO 算法。

1. SIMPLE 算法

SIMPLE 算法是目前工程实际应用中最为广泛的一种流场计算方法，属于压力修正法的一种。该方法的核心是采用"猜测－修正"的过程，在交错网格的基础上计算压力场，从而达到求解动量方程的目的。

SIMPLE 算法的基本思想为：对于给定的压力场，求解离散形式的动量方程，从而得到速度场。因为压力是假定或不精确的，这样得到的速度场一般都不满足连续性方程的条件，所以必须对给定的压力场进行修正。修正的原则是，修正后的压力场相对应的速度场能满足这一迭代层次上的连续方程。

根据这个原则，把由动量方程的离散形式所规定的压力与速度的关系代入连续方程的离散形式，从而得到压力修正方程，再由压力修正方程得到压力修正值；接着根据修正后的压力场求得新的速度场；最后检查速度场是否收敛。

2. SIMPLEC 算法

SIMPLEC 算法与 SIMPLE 算法在基本思路上是一致的，不同之处在于 SIMPLEC 算法在通量修正方法上有所改进，加快了计算的收敛速度。

3. PISO 算法

PISO 算法的压力速度耦合格式是 SIMPLE 算法族的一部分，是基于压力速度校正方程之间的高度近似关系的一种算法。SIMPLE 算法和 SIMPLEC 算法的一个限制是在压力校正方程解出后，新的速度值和相应的流量不满足动量平衡。因此必须重复计算，直至平衡得到满足。

为了提高计算的效率，PISO 算法执行了两个附加的校正：相邻校正和偏斜校正。PISO 算法的主要思想是：将压力校正方程的解阶段中的 SIMPLE 算法和 SIMPLEC 算法所需的重复计算移除。经过一个或更多附加 PISO 算法循环，校正的速度会更接近满足求解连续性和动量方程。这一迭代过程被称为动量校正或邻近校正。

PISO 算法在每个迭代中要花费稍多的 CPU 时间，但是极大地减少了达到收敛所需要的迭代次数，尤其是对于过渡问题，这一优点更为明显。

在对压力校正方程的解进行初始化之后，重新计算压力校正梯度，然后用重新计算出来的值更新质量流量校正。这个被称为偏斜矫正的过程，极大地降低了计算高度扭曲网格所遇到的收敛性困难。PISO 偏斜校正可以使我们在基本相同的迭代计算步数内，从高度偏斜的网格上得到的计算结果与更为正交的网格上得到的结果不相上下。

第 2 章
Fluent 软件操作及设置

　　本章将详细介绍在 Fluent 软件中如何进行网格的导入及检查，如何进行求解器及操作参数设置，如何基于实际工程问题进行模型选取，如何进行材料及物性参数的设置，如何进行边界条件的设置，如何基于选取模型进行求解方法及松弛因子的设置，如何对非稳态分析进行初始化设置及计算过程监测等。本章为初学者掌握整个计算流程提供指导。

学习目标：

- 学习网格的导入及优化
- 学习如何选取物理模型
- 学习如何进行材料新增及参数修改
- 学习如何对边界条件进行设置
- 学习如何对求解方法及松弛因子进行设置
- 学习如何进行计算过程监测设置

2.1 软件启动及网格导入

2.1.1 软件启动

运行 Fluent 软件，并进行网格导入，具体操作步骤如下。

（1）在桌面中双击"Fluent 2020"快捷方式图标，启动 Fluent 2020 软件；或在"开始"菜单下选择"所有程序"→"ANSYS 2020"→"Fluent 2020"命令，启动 Fluent 2020 后进入 Fluent Launcher 界面，如图 2.1 所示。

（2）在 Fluent Launcher 启动界面中，在"Dimension"下有"2D"和"3D"两个选项，其中 2D 代表几何模型为二维，3D 代表几何模型为三维，此处要基于实际几何模型进行选择。

（3）在"Options"下有"Double Precision"和"Display Mesh After Reading"等选项。其中"Double Precision"选项代表计算精度为双精度，取消选中前面的复选框，代表计算用单精度。如果进行二维模型计算，一般不需要选中前面的复选框，而三维模型计算建议选中前面的复选框。"Display Mesh After Reading"选项代表 Fluent 软件读取网格后，在软件界面中显示几何模型的网格。

（4）在"Parallel（Local Machine）"下有"Solver Processes"选项，此处填入的数值代表并行计算核数，具体可由电脑配置来定。

（5）单击"Show More Options"按钮，在"General Options"选项卡下的"Working Directory"中可以进行工作目录设置。工作目录一般为软件计算及文件保存的目录，此处应注意，工作目录文件路径下不能有汉字。

在完成上述设置后，单击"Start"按钮启动 Fluent 软件。

图 2.1　Fluent 软件启动界面及工作目录选取

此外，启动 Fluent 软件的另外一种方式是从 Workbench 2020 平台上进行启动。在 Windows 系统下选择"开始"→"所有程序"→"ANSYS 2020"→"Workbench 2020"命令，启动 ANSYS Workbench 2020，进入如图 2.2 所示的 Workbench 主界面。

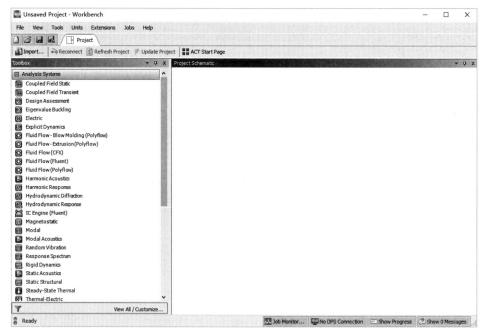

图 2.2　workbench 启动主界面

在主界面中的"Toolbox"（工具箱）中的"Component Systems"下，双击"Fluent"选项，即可在项目管理区创建分析项目 A，如图 2.3 所示。双击分析项目 A 中的"Setup"选项，将直接进入 Fluent 软件。

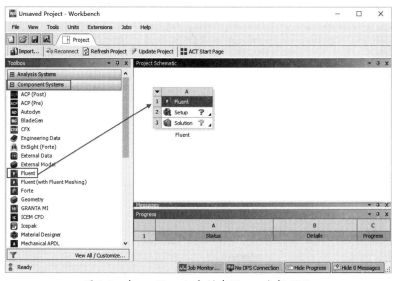

图 2.3　在 workbench 中创建 Fluent 分析项目

图 2.4 所示为打开 Fluent 软件后的操作界面。Fluent 软件操作界面主要分为 5 部分，其中最上方为功能选项卡，具体包括 File、Domain、Physics 等，在相应的下拉菜单中可以进行详细设置。界面的左侧为操作树，其实就是上方功能选项卡的详细分类，方便操作设置。操作树右侧为设置面板，可以进行模型的详细参数设置。最右侧为图形显示区，在图形显示区可以进行网格显示、计算残差曲线及结果分析等。界面的右下方为文本区，可以显示网格信息、计算的详细残差值，以及与 Fluent 软件进行交互设置，如网格优化、激活未显示模型等。

图 2.4　Fluent 软件操作界面

2.1.2　网格导入

Fluent 软件启动后，首先进行网格导入，其操作步骤如下。

（1）在 Fluent 主界面中，单击"File"菜单将会显示如图 2.5 所示的子菜单，其中"Read"子菜单可以读入 Mesh 或 Case 文件，"Write"子菜单可以输出已经设置好的 Case 文件。

（2）选择"Read"→"Mesh"命令，弹出网格导入的"Select File"对话框。在目标文件夹中选择命名为"glyd.msh"的网格文件，单击"OK"按钮进行网格导入，如图 2.6 所示。

图 2.5　Fluent 软件中 File 子菜单设置

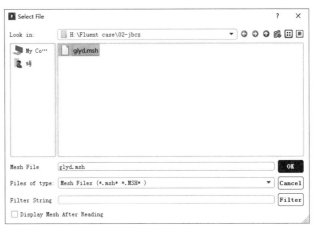

图 2.6　网格导入操作

2.1.3　网格尺寸调整及优化

网格导入后，则进行 General 总体模型设置。在工作界面左侧的操作树 Setup 下双击"General"
选项，如图 2.7 所示，弹出图 2.8 所示的"General"（总体模型）设置面板，"General"设置对话框
主要是针对 Mesh（网格）及 Solver（求解）等进行设置，此处只说明如何进行网格设置。

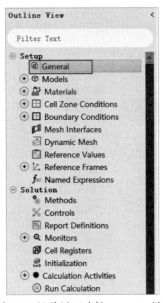

图 2.7　操作树下选择 General 模型

图 2.8　General 模型设置

（1）"General"（总体模型）设置面板中，"Mesh"（网格）栏主要包括"Scale"（尺寸）、"Check"
（网格检查）、"Report Quality"（网格质量）、"Display"（网格显示）及"Units"（单位）等按钮。
其中，通过"Scale"按钮可以对网格尺寸进行缩放及修改，如在几何模型建模过程中，默认的单
位是 m（米），但是实际模型的单位为 mm（毫米），则可以通过"Scale"按钮进行操作修改，如图 2.9

所示。通过"Mesh Was Created In"（网格创建尺寸）选项栏可以对默认的尺寸单位进行选取，如选择"mm"（毫米）选项，单击"Scale"按钮即可，计算域的网格尺寸修改后如图 2.10 所示。

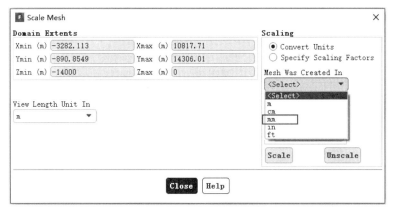

图 2.9　Mesh 网格尺寸大小检查设置

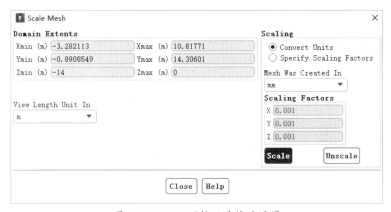

图 2.10　Mesh 网格尺寸修改设置

（2）在"Mesh"栏下单击"Check"按钮，即可进行网格检查。如果提示报错，则需要在网格划分软件中进行检查，网格 Check 的结果在文本区处显示，如图 2.11 所示。

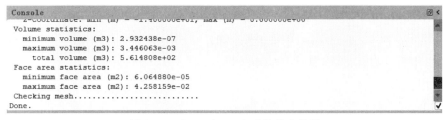

图 2.11　Fluent 中 Mesh 网格检查结果

（3）在"Mesh"栏下单击"Report Quality"按钮，可查看网格质量。一般数值越趋近于 1，则代表网格质量越高，但是这个需要分情况来看。例如，几何模型局部很复杂，采取非结构化网格划分，虽然网格质量较低，但是满足计算精度，也可以使用。

对于比较复杂的几何模型，一般选用非结构网格进行划分，此时网格数量会很多，且计算过程容易发散。在 Fluent 软件中可以进行网格二次处理，如图 2.12 所示，在"Domain"选项卡下选择"Make Polyhedra"选项，可将非结构化的六面体网格进行蜂窝状处理，依据笔者多次仿真的经验，对于有些仿真，这个操作处理非常实用。

（4）在"Domain"选项卡下选择"Quality"→"Improve Mesh Quality"选项，可以在 Fluent 软件中进行网格质量优化，如图 2.13 所示。笔者建议，尽量在网格划分时提高网格质量。

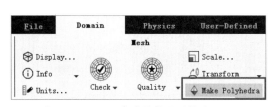

图 2.12　Fluent 中非结构化网格处理

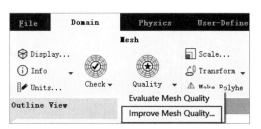

图 2.13　Fluent 中网格质量优化

2.2 总体模型设置

2.2.1 求解器及暂稳态设置

在"General"设置面板中的"Mesh"栏中，可以进行求解器及暂稳态设置，如图 2.14 所示。

（1）在"Solver"栏下的"Type"选项下有"Pressure-Based"（基于压力求解）和"Density-Based"（基于密度求解）两个单选按钮。其中"Pressure-Based"使用的是压力修正算法，非常适合求解不可压缩流动，对于可压缩流动也可以求解，目前应用范围较广。而 Density-Based 的求解的控制方程是矢量形式的，其对应的求解只有 Coupled 的算法，目前应用较少。

（2）在"Time"下有"Steady"和"Transient"两个单选按钮。其中"Steady"代表稳态计算，"Transient"代表的是非稳态计算，一般适用于污染物扩散、暂态传热等问题。

（3）在"Velocity Formulation"下有"Absolute"

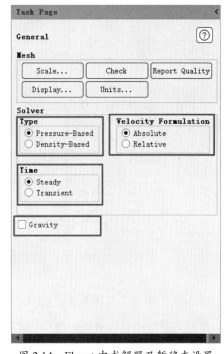

图 2.14　Fluent 中求解器及暂稳态设置

和"Relative"两个单选按钮，其中"Absolute"为绝对速度，"Relative"为相对速度，一般相对速度应用得比较多。

2.2.2 操作参数设置

在进行二维及三维仿真时，若涉及考虑流体的重力或流体的密度随温度变化等，需要设置仿真计算的操作参数，具体设置如下。

（1）在工作界面上方选择"Physics"选项卡，弹出如图 2.15 所示的物理设置选项卡，并选择"Operating Conditions"选项。

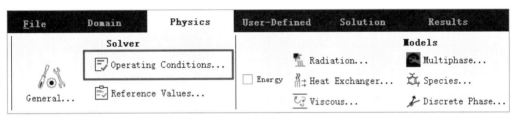

图 2.15　Fluent 中操作参数设置

（2）弹出如图 2.16 所示的"Operating Conditions"（操作压力重力条件）设置对话框。在"Operating Pressure（pascal）"选项文本框中设置操作压力，如默认大气压力数值为 101325Pa。在"Gravity"栏中进行不同方向重力值的设置，如以 -Y 方向为重力方向，则在"Y"下拉列表框中输入"-9.81"。在"Variable-Density Parameters"下选中"Specified Operating Density"复选框，在"Operating Density（kg/m3）"选项文本框中输入操作密度，这个一般是在考虑密度随温度变化时进行设置，如在封闭空间内空气或油等液体的流动过程分析。

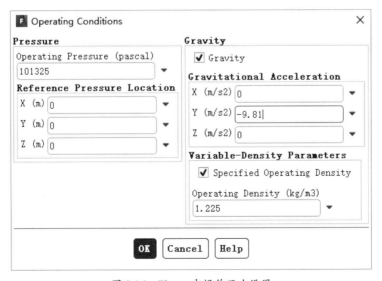

图 2.16　Fluent 中操作压力设置

2.3 典型物理模型介绍及设置

对网格及总体进行设置完成后，则需要根据实际工程问题进行物理模型选择。在 Fluent 2020 软件中的物理模型有 Multiphase（多相流模型）、Energy（能量方程）、Viscous（黏性模型）、Radiation（辐射模型）、Heat Exchanger（热交换模型）、Species（组分模型）、Discrete Phase（离散相模型）、Solidification&Melting（凝固和熔化模型）、Acoustics（噪声模型）及 Structure（结构）等，如图 2.17 所示。此外，Fluent 2020 还新增了锂电池仿真模型。基于笔者研究的方向，下面就几个典型的物理模型进行详细说明。

2.3.1 多相流模型设置

在图 2.17 中，双击"Multiphase"选项，弹出如图 2.18 所示的多相流模型设置对话框。 Fluent 软件中的多相流模型有 Volume of Fluid、Mixture、Eulerian 及 Wet Steam 四种，具体说明如下。

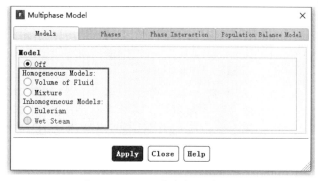

图 2.17　Fluent 中典型的物理模型　　　　　图 2.18　Fluent 中多相流模型

1. Volume of Fluid 模型

Volume of Fluid 模型简称为 VOF 模型，主要采用一种在固定欧拉网格下的表面跟踪方法，来模拟分析气液两相或多相之间不相融的情况。例如，气液两相的分层流、空气下的自由面流动、水坝溃堤等。VOF 模型参数设置的对话框如图 2.19 所示。

如图 2.19 所示，在"Formulation"下有"Explicit"和"Implicit"两个单选按钮，代表有两种算法可选。"Body Force Formulation"下的"Implicit Body Force"复选框，是在计算过程中选择是否简化处理体积力。在"Number of Eulerian Phases"列表框中可进行流体的相数设置，假如是两相流，则设置为 2。

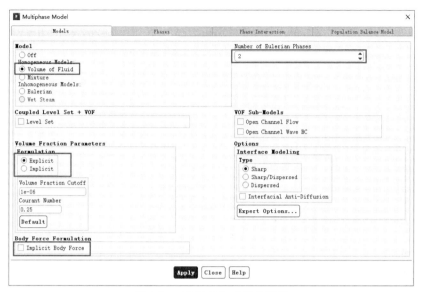

图 2.19　VOF 多相流模型设置

选取 VOF 模型后，下一步需要设置主相和次相，如图 2.20 所示。一般将出口流出的流体设置为主相，其他流体则设置为次相。此外还需要对"Phase Interaction"（相间作用力）进行设置，一般水和空气的表面张力系数设置为 0.072。

图 2.20　VOF 模型中主相及次相设置

2. Mixture 模型

Mixture 模型简称为混合模型，可以用于两相流或多相流的分析问题。在仿真计算过程中，不同的气相、液相或固相被处理为互相贯通的连续体，混合模型求解的是混合物的动量方程，并通过相对速度来描述离散相，适用于单相流体的体积分数大于 10% 的情况。Mixture 模型设置对话框如图 2.21 所示。需要关注的地方和 VOF 模型一样，此处不再一一赘述。但是需要注意的是，在 "Phase Interaction" 选项卡中需要考虑的受力问题比较多，设置时需要重点关注一下。

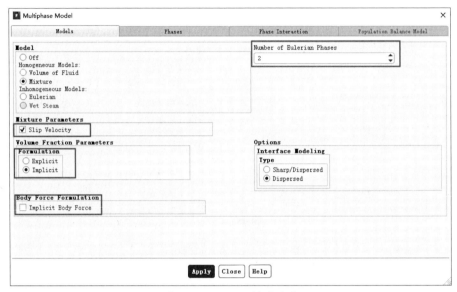

图 2.21　Mixture 模型设置

3. Eulerian 模型

Eulerian 模型简称为欧拉模型，是 Fluent 中最复杂的多相流模型，对于气液、气固、液固等模型的处理也不相同。欧拉模型在处理气固模型时，其实是将固体相处理为拟流体。比较常见的分析案例有颗粒运动、流化床及泥沙沉降等，其设置对话框如图 2.22 所示。

图 2.22　Eulerian 模型设置

在欧拉模型中设置次相时，需要设置次相的粒径大小。选择"Phases"选项卡，弹出如图 2.23 所示的相设置对话框。例如，在"Diameter（m）"文本框中输入"1e-05"。在欧拉模型中，固体颗粒相一般设置为次相。欧拉模型中还需要设置不同相间的受力，具体参数设置可根据工程项目来分析，其设置可通过"Phase Interaction"选项卡来设置。

图 2.23　Eulerian 模型中主相及次相参数设置

4. Wet Steam 模型

Wet Steam 模型简称为湿蒸汽模型，其计算求解是基于 Density-Based 密度方程，应用得比较少，在此就不再介绍了。

2.3.2 能量方程设置

仿真分析中涉及传热时，则需要开启能量方程。例如组分输送模型会自动开启能量方程。在如图 2.17 所示的多相流模型设置对话框中，双击"Models"栏下的"Energy"选项，打开"Energy"对话框，选中"Energy Equation"复选框，如图 2.24 所示。

图 2.24　能量方程设置

2.3.3 流动模型设置

在如图 2.17 所示的多相流模型设置对话框中，双击"Models"栏中的"Viscous"选项，如图 2.25 所示，弹出如图 2.26 所示的流动模型设置对话框。

基于雷诺数不同，流体的流动分为层流和湍流，层流模型就是 Laminar 模型，湍流模型主要有

Spalart-Allmaras（1 eqn）模型、k-epsilon（2 eqn）模型、k-omega（2 eqn）模型、Reynolds Stress（7 eqn）模型及 Large Eddy Simulation（LES）模型等。

图 2.25　Viscous Model 设置

图 2.26　流体流动模型设置

1. Laminar 模型

对于管内流动而言，当雷诺数计算数值小于 2300 时，管道内流体的流动状态为层流，则选择 Laminar 模型，无须设置其他的参数。

2. Spalart-Allmaras（1 eqn）模型

Spalart-Allmaras（1 eqn）模型用于低雷诺数湍流模型的计算，对边界层的计算效果较好，因此经常被用于边界层内有分离情况的计算。但是 Spalart-Allmaras（1 eqn）模型的稳定性较差，因此在计算中需要格外注意，其参数设置对话框如图 2.27 所示。

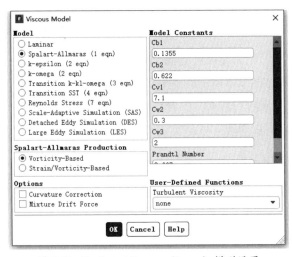

图 2.27　Spalart-Allmaras（1 eqn）模型设置

3. k-epsilon（2 eqn）模型

k-epsilon（2 eqn）模型分为 3 个，即标准 k-e 模型、RNG k-e 模型及 Realizable k-e 模型，具体如图 2.28 所示。

（1）标准 k-e 模型由 Launder 和 Spalding 提出，因为其稳定性、计算精度高等优点使之成为湍流模型中应用范围最广的一个模型。标准 k-e 模型通过求解湍流动能（k）方程和湍流耗散率（e）方程，得到 k 和 e 的解，然后再用 k 和 e 的值计算湍流黏度，最终通过 Boussinesq 假设得到雷诺应力的解。但也存在不足，标准 k-e 模型假定湍流为各向同性，因此在非均匀湍流的计算中存在较大误差。

（2）RNG k-e 模型在标准 k-e 模型上的改进主要是在 e 方程中增加了一个附加项，使得在计算速度梯度较大的流场时精度更高。RNG k-e 模型还考虑了旋转效应，因此对强旋转流动计算精度也得到了提升，包含计算湍流 Prandtl 数的解析公式。

（3）Realizable k-e 模型在标准 k-e 模型上的改进主要是采用了新的湍流黏度公式，且满足对雷诺应力的约束条件。因此可以在雷诺应力上保持与真实湍流的一致。Realizable k-e 模型可以更精确地模拟平面和圆形射流的扩散速度，同时在旋转流计算、带方向压强梯度的边界层计算和分离流计算等问题中，其计算结果更符合真实情况。但是 Realizable k-e 模型在同时存在旋转和静止区的流场（如多重参考系、旋转滑移网格等）计算中会产生非物理湍流黏性，因此在类似计算中应该慎重选用这种模型。

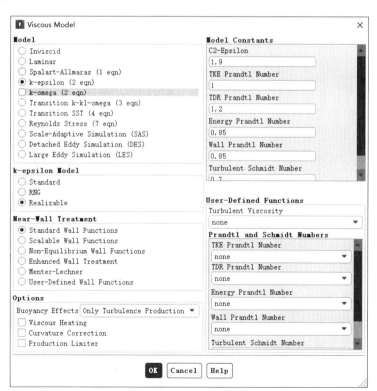

图 2.28　k-epsilon（2 eqn）湍流模型设置

4. Reynolds Stress（7 eqn）模型

Reynolds Stress（7 eqn）模型又称为雷诺应力模型，从理论上比湍流模式理论要精确得多。但是其不采用Boussinesq假设，而是直接求解雷诺平均N-S方程中的雷诺应力项。雷诺应力模型比k-e方程模型需要计算的时间长且较难收敛，比较适合有大弯曲流线、漩涡和转动的三维流动，其参数设置如图 2.29 所示。

5. Large Eddy Simulation（LES）模拟

Large Eddy Simulation(LES)模型又称为大涡模拟（LES），是对N-S方程在物理空间进行过滤，大涡直接求解，小涡各向同性模拟。采用亚网格尺度（SGS）湍流模型等方法，对燃烧反应均可使用，其设置如图 2.30 所示。

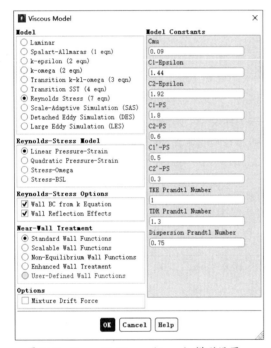

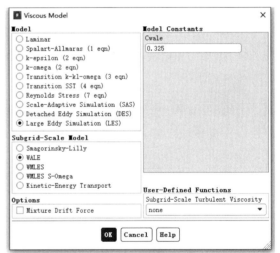

图 2.29　Reynolds Stress（7 eqn）模型设置　　　　图 2.30　Fluent 中大涡模拟设置

2.3.4 辐射模型设置

在如图 2.17 所示的多相流模型设置对话框中，双击"Models"栏中的"Radiation"选项，弹出如图 2.31 所示的"Radiation Model"设置对话框。Fluent 中的辐射模型共有 5 种，分别为 Rosseland、P1、Discrete Transfer（DTRM）、Surface to Surface（S2S）及 Discrete Ordinates（DO）。

如果需要设置太阳光辐射的影响，则可以单击"Solar Calculator"按钮，打开如图 2.32 所示的设置对话框。其中，在"Global Position"栏中可以进行经度、纬度及时间的参数设置，在"Starting Date and Time"栏中可以设置具体的时间，在"Mesh Orientation"栏中可以设置方向，在"Options"

栏中可以设置太阳光的系数。一般在进行蔬菜大棚、双层玻璃及烟囱等仿真时，需要开启太阳计算器设置。

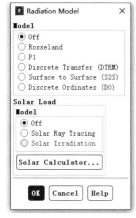

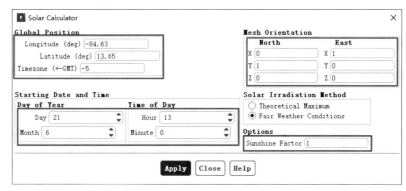

图 2.31　Fluent 中辐射模型　　　　　　图 2.32　辐射模型中太阳计算器设置

1. Rosseland 模型

Rosseland 辐射模型的优点是计算速度快，在计算机中占用内存少，缺点是仅能在光学厚度大于 3 的情况下进行仿真计算，其参数设置如图 2.33 所示。

2. P1 模型

针对物质燃烧等光学厚度较大的情况，P1 模型计算精度高，其局限性主要是假设所有表面都是漫射表面，计算过程中采用了灰体假设。在计算分析局部热源时，计算的辐射热流通量相较于准确值会容易偏高，其参数设置如图 2.34 所示。

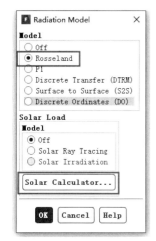

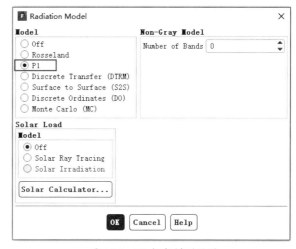

图 2.33　Rosseland 辐射模型设置　　　　　　图 2.34　P1 辐射模型设置

3. Discrete Transfer（DTRM）模型

DTRM 模型相对简单，其通过增加射线数来提高计算精度，也可用于很宽的光学厚度范围。但是 Discrete Transfer（DTRM）模型的局限是假设所有表面都是漫射表面，且没有考虑辐射的散射效应。此外 Discrete Transfer（DTRM）模型是通过提高射线数来提高计算精度，因此对计算机内存配置要求较高。其参数设置如图如 2.35 所示。

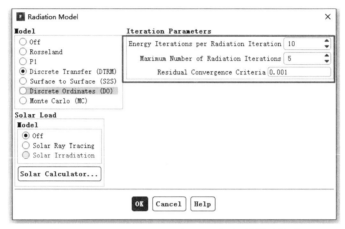

图 2.35　Discrete Transfer（DTRM）辐射模型设置

4. Surface to Surface（S2S）模型

Surface to Surface（S2S）模型也称为表面辐射模型，主要适用于没有介质的封闭空间内的辐射换热计算。但针对带有周期性边界条件、对称边界条件、二维轴对称及多重封闭区域时，则不适用，因此在应用时需要特别注意。此外，由于引入了视角因数（View Factor），Surface to Surface（S2S）模型在计算时占用的计算机内存也很大，其参数设置如图 2.36 所示。

图 2.36　Surface to Surface（S2S）辐射模型设置

5. Discrete Ordinates（DO）模型

DO 模型是目前 Fluent 中应用范围最广的辐射模型，可适用于所有光学厚度的辐射计算，涵盖从表面辐射、半透明介质辐射到燃烧问题等各种工况。此外由于其计算采用灰带模型，因此既可以用于灰体辐射计算，又可以用于非灰体辐射计算。其参数设置如图 2.37 所示。

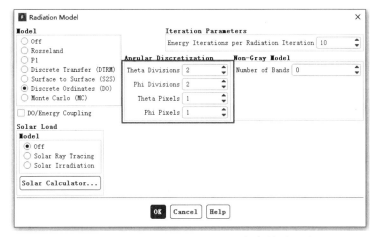

图 2.37　Discrete Ordinates（DO）辐射模型设置

2.3.5　组分模型（燃烧及扩散）设置

在如图 2.17 所示的多相流模型设置对话框中，双击"Models"栏中的"Species"选项，弹出如图 2.38 所示的组分模型设置对话框。Fluent 中的 Species Model 主要有 5 个模型，分别是 Species Transport（组分输送模型 / 有限速度模型）、Non-Premixed Combustion（非预混燃烧模型）、Premixed Combustion（预混燃烧模型）、Partially Premixed Combustion（部分预混燃烧模型）及 Composition PDF Transport 模型（PDF 运输方程模型）。

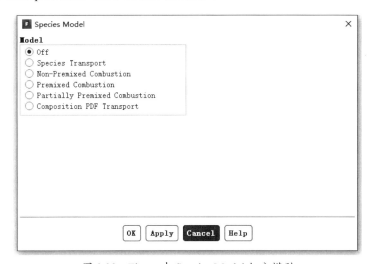

图 2.38　Fluent 中 Species Model 组分模型

1. Species Transport 模型

针对 Species Transport 模型而言，可以实现两方面的仿真。不考虑加入反应，则可以进行组分输送扩散的仿真分析，如甲烷泄漏扩散、瓦斯泄漏等；考虑加入反应后，则可以进行气体燃烧的反应模拟，具体分析如下。

（1）不考虑加入反应的组分输送模型。如图 2.39 所示，取消选中"Reactions"下的"Volumetric"复选框时，则是进行单纯的冷态气体组分扩散仿真分析。

在"Mixture Material"下拉列表框里可以设置不同气体的组分，如选择"acetylene-air"选项，单击"View"按钮，可以看到如图 2.40 所示的 acetylene-air 组分组成，如果所要分析的气体组分组成与所选择的混合物组分较接近时，则可以选择此混合物。如果缺少某种成分的气体，可以进行设置加入。一般在模拟气体扩散时，可以在"Options"栏选中"Inlet Diffusion"复选框。

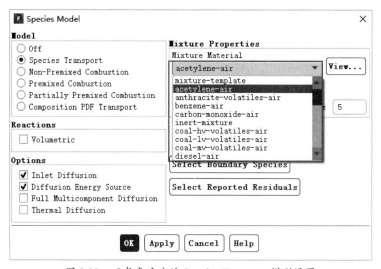

图 2.39　不考虑反应的 Species Transport 模型设置

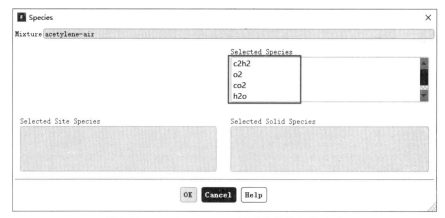

图 2.40　Species Transport 模型中气体组分说明

（2）考虑加入反应的组分输送模型。当考虑加入反应时，模型分析如图 2.41 所示。选中"Reactions"下的"Volumetric"复选框。在"Chemistry Solver"下拉列表框中可以设置化学反应模型，如果需要导入外部的反应公式，可以在下拉列表框中进行详细设置。在"Turbulence-Chemistry Interaction"栏下有 4 个反应模型可选，分别是 Finite-Rate/No TCI（层流有限速率）模型、Finite-Rate/Eddy-Dissipation（有限速率 / 涡耗散）模型、Eddy-Dissipation（ED，涡耗散）模型和 Eddy-Dissipation Concept（EDC，涡耗散概念）模型。

Finite-Rate/No TCI 模型使用 Arrhenius 公式计算化学源项，忽略湍流脉动的影响，对于化学动力学控制的燃烧（如层流燃烧）或化学反应相对缓慢的湍流燃烧是准确的，但对一般湍流火焰中 Arrhenius 化学动力学的高度非线性来说一般不精确。

Finite-Rate/Eddy-Dissipation 模型简单结合了 Arrhenius 公式和涡耗散方程，避免了 Eddy-Dissipation 模型出现的提前燃烧问题。Arrhenius 速率作为动力学开关，阻止反应发生在火焰稳定器之前。点燃后，涡速率一般小于 Arrhenius 速率。这个模型的优点是结合了动力学因素和湍流因素，缺点是只能用于单步或双步反应。

Eddy-Dissipation 模型适用于大部分燃料快速燃烧，整体反应速率由湍流混合控制，突出了湍流混合对燃烧速率的控制作用，复杂且常是未知的化学反应动力学速率可以完全被忽略掉。化学反应速率由大尺度涡混合时间尺度 k/e（湍流）控制。只要 $k/e > 0$，燃烧即可进行，不需要点火源来启动燃烧。缺点是未能考虑分子输运和化学动力学因素的影响，常用于非预混火焰，但在预混火焰中，反应物一进入计算域就开始燃烧，该模型计算的燃烧会出现超前性，故一般不单独使用。当初始化求解时，Fluent 设置产物的质量百分数为 0.01，通常足够启动反应。

对于 Eddy-Dissipation Concept 模型，假定化学反应都发生在小涡中，反应时间由小涡生存时间和化学反应本身需要的时间共同控制。EDC 模型能够在湍流反应中考虑详细的化学反应机理。建议只有在快速化学反应模型假定无效的情况下才能使用这一模型（如快速熄灭火焰中缓慢的 CO 烧尽、选择性非催化还原中的 NO 转化问题），此外选用 EDC 模型求解时应选取双精度求解器，避免反应速率中指前因子和活化能产生的误差。

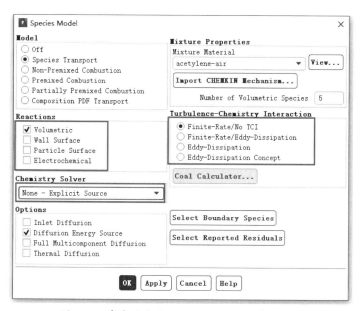

图 2.41　考虑反应的 Species Transport 模型设置

2. Non-Premixed Combustion 模型

Non-Premixed Combustion 模型称为非预混燃烧模型。该模型通过求解混合分数输运方程和一个或两个守恒标量的方程，然后从预测的混合分数公布推导出每一个组分的浓度。通过概率密度函数或 PDF 来考虑湍流的影响。反应机理是使用 flame sheet 方法或化学平衡计算来处理反应系统，主要用于模拟湍流扩散火焰的反应系统，如甲烷的燃烧等，具体参数设置如图 2.42 所示。

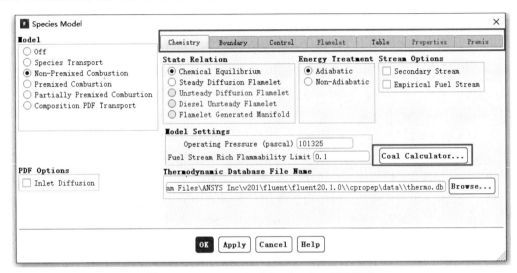

图 2.42　Non-Premixed Combustion 模型设置

选择"Boundary"选项卡，弹出如图 2.43 所示的 Boundary 设置对话框。在此对话框下可以进行燃料组分的设置，在"Fuel"栏中设置燃料组分的具体分数，在"Temperature"栏中对燃料的温度数值进行设置。在"Specify Species in"栏中进行摩尔分数或质量分数的设置。

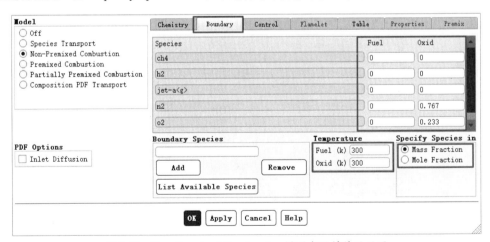

图 2.43　Non-Premixed Combustion 模型中燃料特性设置

设置完"Boundary"选项卡之后，选择"Table"选项卡，弹出如图 2.44 所示的设置对话框，单击"Calculate PDF Table"按钮，此时生成一个 PDF 文件。注意生成的 PDF 文件需要与计算文件在同一目录下。

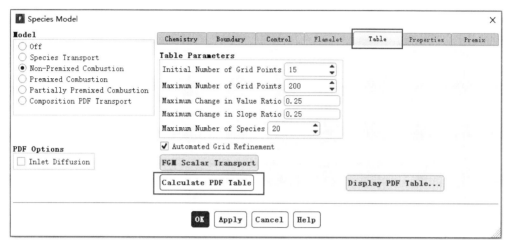

图 2.44 Non-Premixed Combustion 模型中 PDF 文件生成

3. Premixed Combustion 模型

Premixed Combustion 模型也称为预混燃烧模型，主要用于单一、完全预先混合好的燃烧系统，反应物和燃烧产物被火焰前沿分开，其参数设置如图 2.45 所示。此处需要注意，在"Premixed Combustion Model Options"栏下可以进行绝热及非绝热设置。

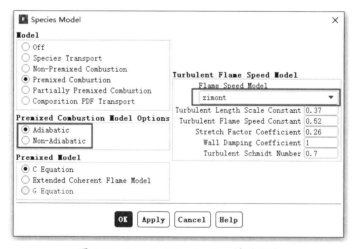

图 2.45 Premixed Combustion 模型设置

4. Partially Premixed Combustion 模型

Partially Premixed Combustion 模型也称为部分预混燃烧模型，综合了非预混燃烧和完全预混燃烧。通过几何混合分数方程和反应物发展变量来分别确定组分浓度和火焰前沿位置，适用于计算域内具有变化等值比率的预混火焰情况。其参数设置如图 2.46 所示。

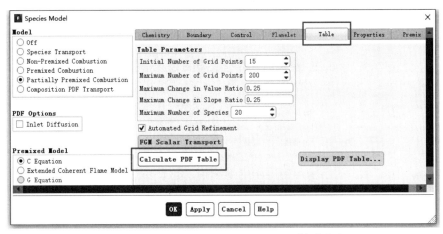

图 2.46　Partially Premixed Combustion 模型设置

5. Composition PDF Transport 模型

Composition PDF Transport 模型也称为 PDF 运输方程模型，结合 CHEMKIN 软件可以进行详细的化学反应机理分析，可以合理地模拟湍流和详细化学反应动力学之间的相互作用，是模拟湍流燃烧的精确模拟方法。其优点是可以计算中间组分，考虑分裂影响；考虑湍流－化学反应之间的作用，无须求解组分运输方程。缺点是系统要满足（靠近）局部平衡，不能用于可压缩或非湍流流动，不能用于预混燃烧，且计算量特别大，其参数设置如图 2.47 所示。

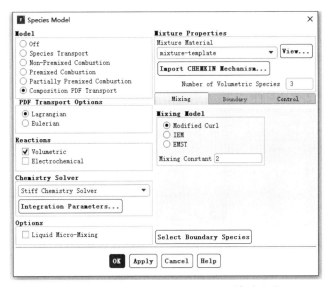

图 2.47　Composition PDF Transport 模型设置

2.3.6 颗粒离散相模型设置

在 Fluent 软件中，离散相模型计算散布在流场中的粒子运动和轨迹，其是连续相和离散相颗粒相互作用的模型。求解过程中一般是先计算连续相的流场，再通过离散相模型计算离散相粒子受到的作用力，并确定其运动轨迹。

颗粒离散相的计算是在拉格朗日观点下进行的，以单个粒子为对象进行计算，而不是像连续相计算那样在欧拉观点下以空间点为对象。例如，在气液混合计算中，作为连续相的空气，其计算结果是以空间点上的压强、温度、密度等变量分布为表现形式；而作为离散相的油滴，却是以某个油滴的受力、速度、轨迹作为表现形式。

在图 2.17 所示的多相流模型设置对话框中，双击"Models"栏中的"Discrete Phase"选项，弹出如图 2.48 所示的"Discrete Phase Model"（离散相模型）设置对话框。

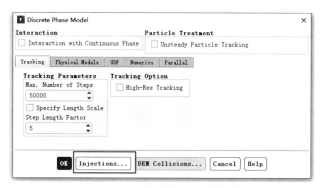

图 2.48　颗粒离散相模型设置

单击"Injections"按钮，弹出如图 2.49 所示的"Injections"设置对话框，在这个对话框中可以对 Injections 进行设置管理。

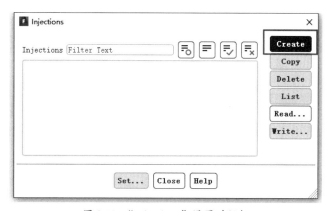

图 2.49　"Injections"设置对话框

单击"Create"按钮，弹出如图 2.50 所示的"Set Injections Properties"设置对话框。在"Injection Name"文本框中对颗粒射入名称进行设置，在"Particle Type"栏下可以进行颗粒的类型设置，在"Material"下拉列表框中设置颗粒的材料特性，在"Injection Type"下拉列表框中设置颗粒喷入的特性，如从面或从特定的点进行喷入的设置，在"Point Properties"选项卡下可以设置喷入速度、颗粒粒径等参数。

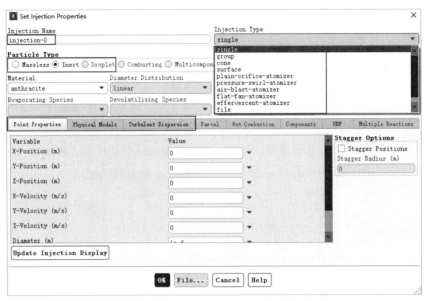

图 2.50 "Set Injections Properties" 设置对话框

选择"Physical Models"选项卡，弹出如图 2.51 所示的 Draw Law 设置面板，在"Drag Law"下拉列表框中可以进行受力模型设置。

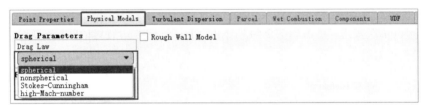

图 2.51 "Set Injections Properties" 对话框中物理模型设置

2.3.7 噪声模型设置

气动噪声的生成和传播是通过求解 N-S 方程进行数值模拟。Fluent 软件中采用 FW-H 方程模拟声音的产生与传播，在 FW-H 方程求解过程中采用 Lighthill 的声学近似模型。Fluent 采用在时间域上积分的办法，在接收声音的位置上，用两个面积分直接计算声音信号的历史。

在如图 2.17 所示的多相流模型设置对话框中，双击左侧"Models"栏中的"Acoustics"选项，弹出如图 2.52 所示的"Acoustics Model"（噪声模型）设置对话框，即可对参数进行设置。

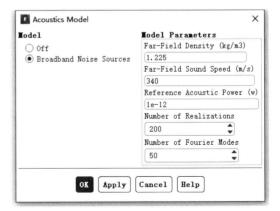

图 2.52 Acoustics Model 设置对话框

2.4　材料及物性参数设置

对 Model 物理模型设置完成后，则进行材料及物性参数设置。物质物性参数的设置对仿真计算影响很大，可在 Fluent 软件中的 Materials（材料）处进行物性参数设置。

2.4.1　新增材料设置

（1）在工作界面左侧操作的"Setup"下双击"Materials"选项，如图 2.53 所示。

弹出"Materials"（材料属性）设置面板，在其中可以进行材料的删除及增加，如图 2.54 所示。

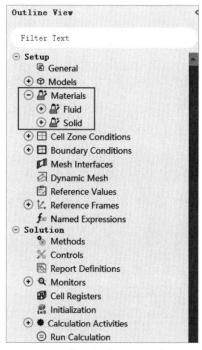

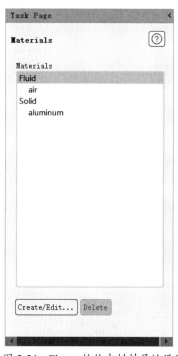

图 2.53　Fluent 软件中"Materials"选项设置　　图 2.54　Fluent 软件中材料属性设置

（2）Fluent 软件中默认的流体材料是 air，默认的固体材料为 aluminum。单击"Create/Edit"按钮，弹出如图 2.55 所示的"Create/Edit Materials"设置对话框，可以进行材料物性参数的修改及新增材料的选取。在"Name"文本框中可以对材料进行命名，在"Chemical Formula"文本框中可以对材料的化学式进行设置，在"Material Type"下拉列表框中可以进行 Fluid 及 Solid 的设置。在"Properties"栏中，可以对材料的密度、比热、导热系数、黏度等一系列物性参数进行修改。

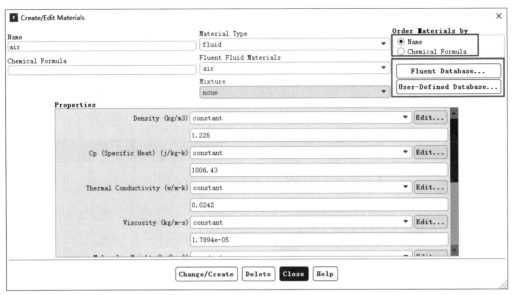

图 2.55　空气材料属性设置

（3）单击图 2.55 中的"Fluent Database"按钮，弹出如图 2.56 所示的"Fluent Database Materials"设置对话框。在进行新材料增加时，在"Material Type"下拉列表框中可以对流体和固体进行筛选。在"Order Materials by"栏下可以进行材料显示方法的设置，如选中"Name"单选按钮，则代表左侧"Fluent Fluid Materials"栏以材料名称的方式显示，如果选中"Chemical Formula"单选按钮，则如图 2.57 所示，左侧"Fluent Fluid Materials"栏以材料化学式的方式显示。这两种方法的选择以实际操作过程方便为主，以便提高操作速度。

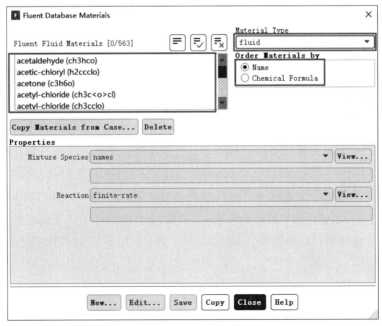

图 2.56　Fluent 中默认材料数据库

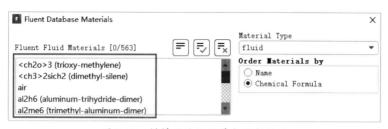

图 2.57　材料名称以化学式形式显示

（4）在选定好材料后，单击"Copy"按钮，则完成了材料的选择设置。

2.4.2 材料物性参数修改

在仿真计算中如果需要对材料的物性参数进行修改，或者是仿真所需要的材料不在 Fluent 软件的默认数据库中，此时可以根据掌握的材料的物性参数在原有材料的参数的基础上进行修改，以便达到仿真的需求。此操作在材料对话框中完成，如图 2.58 所示，具体操作的步骤如下。

（1）在"Name"文本框输入需要新增材料的名称。

（2）在"Material Type"下拉列表框中选择"fluid"（流体材料）或"solid"（固体材料），随后在"Fluent Fluid Materials"下拉列表框中选定要改变物性的材料。

（3）对于"Properties"（性质）栏中所包含的各种物性参数，均可进行修改，如对图中显示的为密度参数的修改。

（4）完成修改后，单击"Change/Create"（修改/创建）按钮，则新的物性参数修改完成。

图 2.58　材料物性参数修改

2.5 计算域设置

2.5.1 计算域内材料设置

在对材料属性设置完成后，下一步进行计算域内材料属性设置。

（1）在工作界面左侧的"Setup"下双击"Cell Zone Conditions"选项，弹出"Cell Zone Conditions"设置面板，如图 2.59 所示。

（2）在"Cell Zone Conditions"界面的"Zone"栏下的"fluid"是流体域的名字，如果仿真计算过程中有多个流体域，则此处会显示多个。

（3）在设置对话框中单击下方的"Edit"按钮，可以对流体域进行编辑。

（4）单击"Copy"按钮，则可以针对多个流体域进行设置复制。如果需要设置的流体域内参数一致，则可以应用此按钮快速地进行批量化设置。例如，在进行数据机房仿真计算时，相同的发热元件内发热量一致，就可以批量化设置。

（5）单击"Operating Conditions"按钮，可以进行操作环境参数设置。

（6）在"Zone"下选择"fluid"选项，单击"Edit"

图 2.59　计算域内参数设置

按钮，弹出如图 2.60 所示的"Fluid"（流体域）设置对话框，在"Materials Name"处可以进行流体域内的流体 / 固体材料特性设置，Fluent 中默认的流体域内的流体为 air，固体域内的材料为 aluminum。

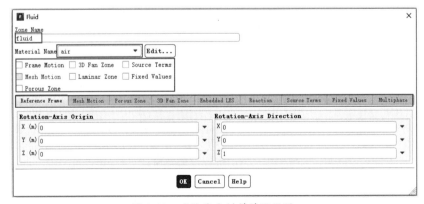

图 2.60　流体域内材料特性设置

2.5.2　计算域内属性设置

在 Fluent 软件中，计算域的旋转、内热源及多孔介质等均在 Cell Zone 区域中进行设置，下面依次对设置进行说明。

1. Frame Motion 设置

选中"Frame Motion"复选框，进行旋转区域参数设置，一般应用于风机旋转、电机的静子和转子等模型计算，在"Speed"下拉列表框中可以设置旋转的速度，其参数设置如图 2.61 所示。

图 2.61　Frame Motion 参数设置

2. Source Terms 设置

选中"Source Terms"复选框，即可进行区域内热源设置，一般用于数据机房发热、变压器、电力电子等模型计算，其参数设置如图 2.62 所示。

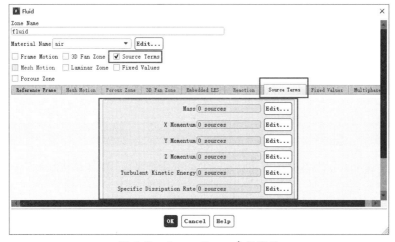

图 2.62　Source Terms 参数设置

3. Porous Zone 设置

选中"Porous Zone"复选框，进行区域内多孔介质设置，一般用于模型结构非常复杂，以及网格划分数量太大等模型的简化处理。多孔介质模型中流动－压降的参数设置，一般是对"Power Law Model"栏中的"C0"和"C1"进行设置，这两个参数数值可以根据试验数据拟合得到，在"Porosity"下拉列表中可进行孔隙率参数设置，其中"1"代表全部通过，具体参数设置如图2.63所示。

图 2.63　Porous Zone 设置

2.6 边界条件介绍及设置

计算域设置完成后，则进行边界条件的设置。边界条件其实是 Fluent 仿真计算最重要的输入参数，如解方程一样，给出了输入参数才能得到唯一解。很多人在做仿真分析时，对边界输入条件理解得不够深入，导致计算出来的结果不符合工程实际。因此理解并学会运用 Fluent 软件中各种边界条件进行实际工程问题等效设置，对仿真计算尤为重要。

2.6.1 常用边界条件分类

Fluent 中的边界条件可以分为入口边界条件、出口边界条件、内部边界条件、壁面边界条件等，下面重点介绍比较常用的边界条件，具体如下。

（1）入口边界条件：速度入口、流量入口、压力入口。

（2）出口边界条件：压力出口、自由出口。

（3）内部边界条件：主要有风扇、多孔介质等。

（4）壁面边界：主要包括固体壁面边界、对称面、轴对称面及周期性边界条件等。

2.6.2 常用边界条件参数设置

一般在进行网格划分时，就需要对不同类型边界条件进行标记，以便在 Fluent 中很快地进行参数设置。在工作界面左侧的"Setup"下双击"Boundary Conditions"选项，弹出"Boundary Conditions"（边界条件）设置面板，如图 2.64 所示。图中显示的即为在网格划分软件中进行的边界条件标记，有进口边界条件、出口边界条件及固体壁面边界。

如果需要进行现有边界类型的修改，则在"Zone"栏下单击要进行修改的边界条件名称，如图 2.65 所示，在"Type"下拉列表框中选择需要变更后的边界条件类型。例如，选择"nh3in"，其默认的边界条件类似是"mass-flow-inlet"（质量流量入口），现将其改成"velocity-inlet"，则弹出如图 2.66 所示的速度入口边界设置对话框，设置后单击"ok"按钮，"nh3in"即可由质量入口改成速度入口边界。

图 2.64　Fluent 中边界条件设置

图 2.65　Fluent 中边界条件类型修改

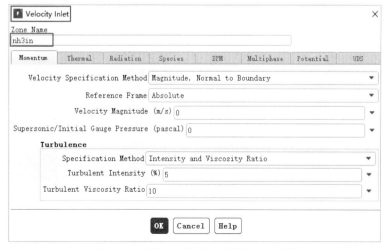
图 2.66　质量入口边界改成速度入口边界

下面对典型的边界条件类型进行举例说明。

1. 速度入口边界条件

速度入口边界条件是在入口边界给定速度和其他标量属性的值，仅适用于不可压缩流动，在"Zone"下双击"yanqiin"选项，弹出如图2.67所示的速度入口设置对话框。

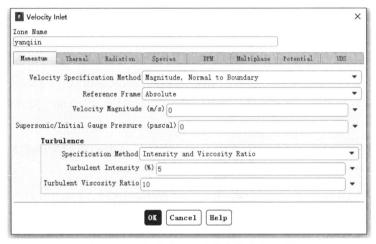

图 2.67　烟气速度入口边界条件参数设置

针对于速度入口，需要重点关注以下几个方面的参数设置。

（1）速度为矢量，所以设置时需要设置速度的方向及大小。Fluent 软件中定义速度方向的方式有3种，在"Velocity Specification Method"下拉列表框中，可以选择方式，如图2.68所示。第一种是将速度看作速度与单位方向矢量的乘积，第二种是将速度看作在3个坐标方向上的分量的矢量和，第三种是假定速度是垂直于边界面。因此在实际应用过程中，需要根据实际情况进行设置。

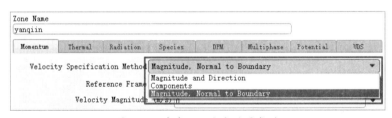

图 2.68　速度入口方向设置类型

（2）如果涉及能量的交换，则选择"Thermal"选项卡，弹出如图2.69所示的温度设置对话框，此处需要注意温度的单位。

图 2.69　速度入口温度设置

（3）如果涉及组分输送模型，则选择"Species"选项卡，弹出如图 2.70 所示的不同组分分数设置对话框。如果涉及 P1、DTRM 及 DO 辐射模型，则需要在 Radiation 处设置辐射换热参数等。

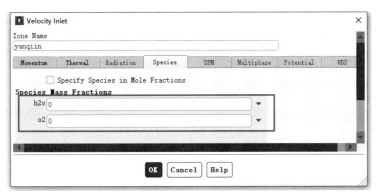

图 2.70　速度入口组分浓度设置

（4）其他的类似于设置多相流、颗粒离散相等，均是选择对应的进行设置即可，此处不再一一赘述，后面案例操作也有相应的说明。

2. 质量入口边界条件

质量入口一般用于不可压缩流动，但是因为流场入口总压的变化将直接影响计算的稳定性，所以在计算中应该尽量避免在流场的主要入口处使用质量流条件，其参数设置如图 2.71 所示。其中，在"Mass Flow Rate"选项文本框中输入质量流量的数值，单位为 kg/s，一般在污染物泄漏仿真分析计算时采用得比较多。

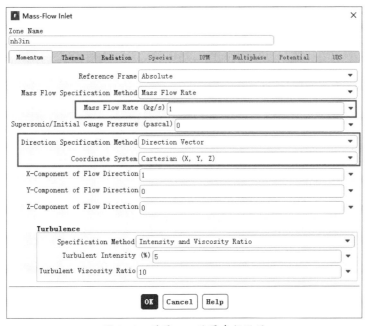

图 2.71　质量入口边界参数设置

3. 压力入口边界条件

压力入口边界条件既适用于可压缩流动又适用于不可压缩流动，一般在入口处压强已知，而速度和流量未知时使用。压力入口边界条件设置对话框如图 2.72 所示。

通过"Gauge Total Pressure"（表总压）文本框可以进行总压数值设置，通过"Supersonic/Initial Gauge Pressure"（超音速 / 初始表压）文本框可以进行静压设置，如果入口流动是超音速的，则需要进行静压设置。

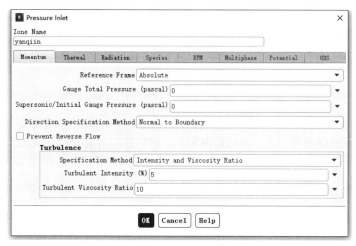

图 2.72　压力入口边界参数设置

4. 压力出口边界条件

压力出口边界条件用于在流场出口处设置静压值，可在"Backflow Pressure Specification"下拉列表框设置压力出口回流（backflow）参数。回流条件是在压力出口边界上出现回流时使用的边界条件，根据实际仿真经验，建议使用真实流场中的数据做回流条件，其参数设置如图 2.73 所示。

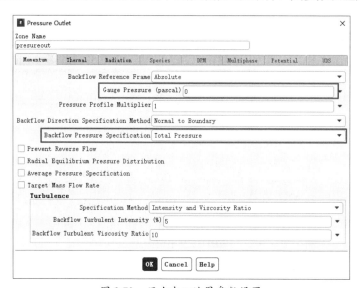

图 2.73　压力出口边界参数设置

5. 自由出口边界条件

对于出口未知压强和速度的情况，则可以选用 outflow 作为压力出口边界条件，其适用于充分发展的流场，做法是将除压强以外的所有流动参数的法向梯度都设为零。但是需要注意两点：首先，当选用压力入口边界条件时，则不能使用 outflow 边界条件；其次，流体为可压缩流动时，也不适合应用。

Fluent 中默认所有出口边界的流量权重被设为 1，如图 2.74 所示。如果出流边界只有一个，则无需进行设置，如果有两个，则根据情况来进行设置，其中一个为 0.5，则另外一个也为 0.5。

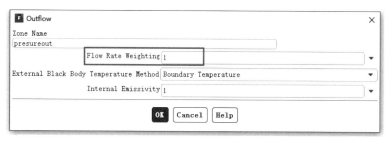

图 2.74　自由出口边界参数设置

6. 壁面边界条件设置

在 Fluent 中壁面边界条件分为两种：一种是位于外部边界的壁面边界，是指流体域的外部边界；另一种是位于流体域之内的固体边界，这种存在着对应的耦合面，即存在相同的 shadow 面。Fluent 中壁面边界类型如图 2.75 所示。

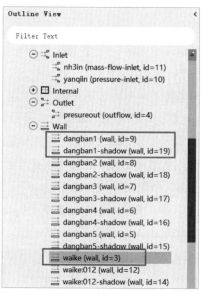

图 2.75　Fluent 中壁面边界类型

1）基本参数设置

在 "Wall" 下双击 "dangban1（wall，id=9）" 选项，弹出如图 2.76 所示的 "Wall" 设置对话框。

在"Wall Motion"下通过选中"Stationary Wall"或"Moving Wall"单选按钮来设置 Wall 为静止壁面或为运动壁面，在"Shear Conditions"下通过单选按钮来设置 Wall 是否有滑移或是否指定剪切力，在"Wall Roughness"栏中设置壁面粗糙度参数，在"Sand-Grain Roughness"下设置粗糙度高度和总粗糙度系数数值。

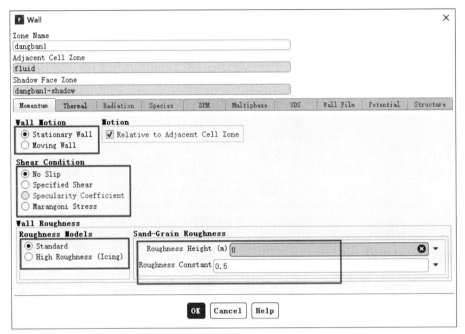

图 2.76　壁面参数设置

2）运动壁面参数设置

在"Wall Motion"下选中"Moving Wall"单选按钮，则弹出如图 2.77 所示的设置对话框。在"Motion"栏中可以进行相对或绝对速度的设置，如果壁面的网格为移动网格，则可以选中"Relative to Adjacent Cell Zone"单选按钮，即取移动网格为参考定义壁面的运动速度。

如果选中"Absolute"（绝对速度）单选按钮，那么可以通过定义壁面在绝对坐标系中的速度来定义壁面运动。如果临近的网格单元是静止的，则相对速度和绝对速度的定义就是等价的。

壁面运动的类型中有 3 种，分别为壁面平移、旋转及速度分量定义。其中壁面存在直线平移运动时，则选中"Translational"（平移）单选按钮，并在"Speed"（速度）和"Direction"（方向）选项文本框中定义壁面运动速度矢量。如果存在旋转，则选中"Rotational"（旋转）单选按钮进行设置，但是需要确定旋转速度。用 Rotation-Axis Direction（转动轴方向）和 Rotation-Axis Origin（转动轴原点）确定唯一的转动轴。在三维计算中，转动轴是通过转动轴原点并平行于转动轴方向的直线。在二维计算中，无须指定转动轴方向，只需指定转动轴原点，转动轴是通过原点并与 z 轴方向平行的直线。在二维轴对称问题中，转动轴永远是 x 轴。选中"Components"（速度分量）单选按钮，可以通过定义壁面运动的速度分量定义壁面的平移运动。

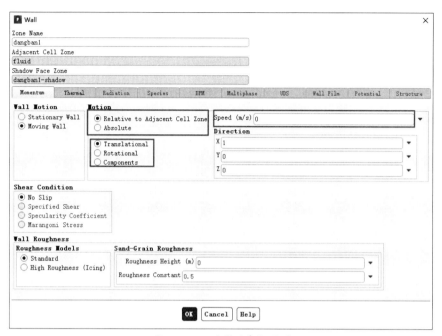

图 2.77　运动壁面参数设置

3）壁面剪切力参数设置

Fluent 软件中壁面有 3 种剪切力设置，如图 2.78 所示。No Slip 又称无滑移条件，是黏性流计算中所有壁面的默认设置。Specified Shear 又称指定剪切力条件，在剪切条件下选择（指定剪切力）选项就可以为壁面设定剪切力的值，其与湍流计算中的壁面函数条件不能同时使用。Marangoni 为应力条件，用于设置由温度引起的表面张力的变化。

图 2.78　Fluent 中壁面剪切力参数设置

4）壁面传热参数设置

选择"Thermal"选项卡，弹出如图 2.79 所示的壁面温度设置对话框。在"Thermal Conditions"栏下有"Heat Flux"（热流）、"Temperature"（温度）、"Convection"（对流）、"Radiation"（辐射）及"Mixed"（混合）几个单选按钮。

选中"Heat Flux"（热流）单选按钮时，即壁面与外界环境换热的热流值为恒定值。在"Heat Flux"选项文本框中输入热流数值，在"Internal Emissivity"选项文本框中进行壁面的灰度设置，其数值一般为 0.9。在"Wall Thickness"选项文本框中设置壁面厚度。例如，外部壁面很薄，网格划分难度很大，则可以在该选项文本框处进行假想厚度设置。

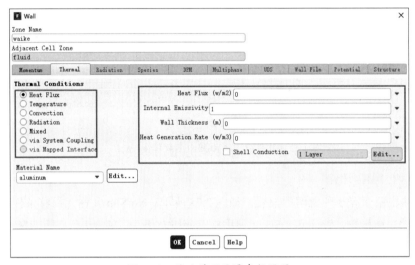

图 2.79　热流壁面边界参数设置

选中"Temperature"（温度）单选按钮时，即壁面温度为恒定值，设置时在"Temperature"选项文本框中输入壁面温度数值即可，其他参数设置同上，如图 2.80 所示。

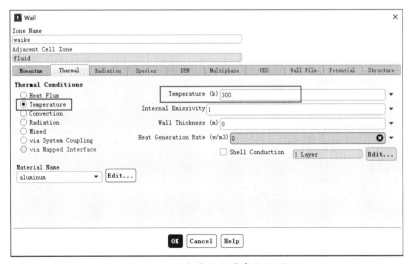

图 2.80　温度壁面边界参数设置

选中"Convection"（对流）单选按钮时，即壁面与外界环境为对流换热，其设置参数如图 2.81 所示。对于对流换热而言，最重要的设置参数为 Heat Transfer Coefficient（对流换热系数）及 Free Stream Temperature（来流温度）。此外在左下角的"Material Name"下拉列表框中可以进行壁面材料的选取。对于不同的壁面材料在此处进行选择设置。

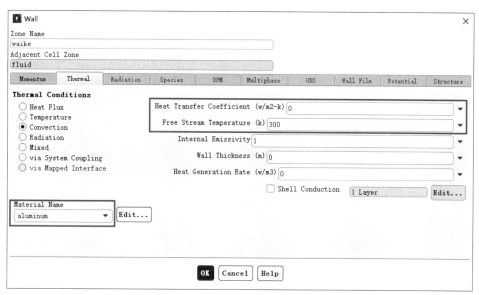

图 2.81　对流换热壁面参数设置

选中"Radiation"（辐射）单选按钮时，即壁面与外界环境为辐射换热，其设置参数如图 2.82 所示。在"External Emissivity"和"External Radiation Temperature"选项文本框中可以对外部辐射率和外部辐射温度分别进行参数设置。

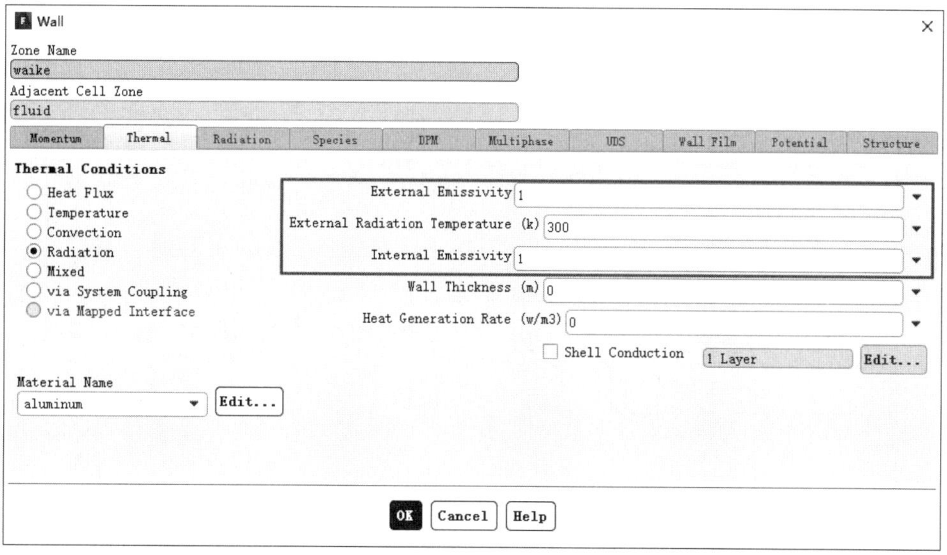

图 2.82　辐射换热壁面参数设置

选中"Mixed"（混合）单选按钮时，即壁面与外界环境为对流换热及辐射换热的综合换热方式，其设置参数如图 2.83 所示。在"Heat Transfer Coefficient"选项文本框中设置对流换热系数，在"Free Stream Temperature"选项文本框中设置来流温度，在"External Emissivity"选项文本框中设置外部辐射率，在"External Radiation Temperature"选项文本框中设置外部辐射温度。

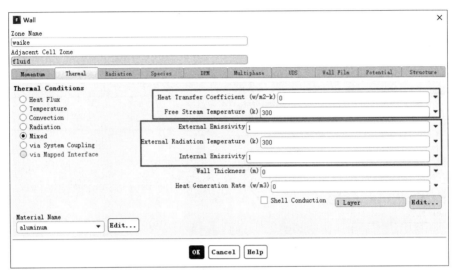

图 2.83　混合换热壁面参数设置

5）耦合传热面参数设置

当固体壁面位于流体域之内时，则此时会出现耦合换热面。Fluent 软件中默认的是 shadow 面，如果网格导入 Fluent 中未出现预期的 shadow 面，则说明网格划分或计算域设置出现了问题，其参数设置如图 2.84 所示。在"Thermal Conditions"下默认选中"Coupled"单选按钮。

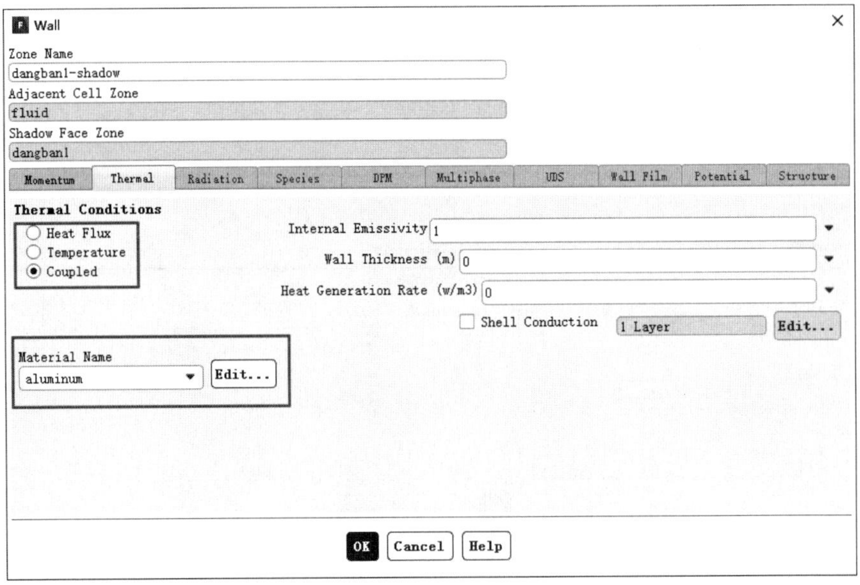

图 2.84　耦合换热壁面参数设置

7. 对称边界条件设置

当计算域内的流动及传热具有对称性时，为了减少计算工作量，可以在计算中使用对称边界条件，也可以用来定义黏性流动中的零剪切力滑移壁面，其参数设置如图 2.85 所示。

8. 边界条件批量化设置

单击图 2.86 所示的"Copy"按钮，则弹出如图 2.87 所示的"Copy Conditions"设置对话框。

图 2.85　对称边界条件设置

图 2.86　边界条件设置对话框

在"From Boundary Zone"栏下的下拉列表中选择"dangban1"选项，在"To Boundary Zones"栏下的下拉列表中选择如图 2.87 所示的相同类型的边界条件，其余参数保持默认，则可以实现批量化相同类型的边界条件设置。

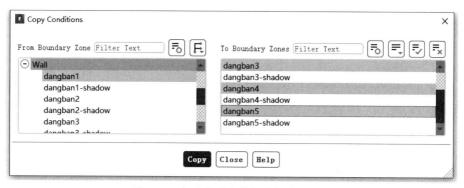

图 2.87　相同类型边界条件批量化设置

9. 边界条件参数输入输出设置

在 Fluent 软件中进行仿真计算时，当涉及此次仿真计算输入的边界条件参数为其他仿真计算的结果参数时，则需要在边界条件中对"Profiles"选项进行设置。

在如图2.88所示的边界条件设置面板中单击"Profiles"按钮，则弹出如图2.89所示的"Profiles"设置对话框。

在"Profiles"设置对话框中可以进行边界参数的输入、输出及删除等操作。例如，当需要设置nh3in边界条件时，而其他仿真计算中已计算得到并输出了nh3in边界条件的输入结果，则此时需要单击"Read"按钮，进行参数的读取。

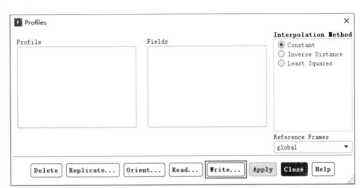

图 2.88　边界条件设置对话框　　　　图 2.89　边界条件中 Profiles 设置对话框

在图2.89中单击"Write"按钮，弹出如图2.90所示的边界条件参数输出设置对话框。在Surface选项下选择需要输出边界条件的名称，在"Values"下拉列表中可以选择各种需要输出的参数。

图 2.90　边界条件参数输出设置对话框

2.7 求解离散方法及控制设置

在完成了网格、模型、材料及边界条件的设定后，原则上可以进行计算求解，但是为了更好地对计算过程进行控制，以及提高计算精度，则需要进行求解离散方法、松弛因子及求解极限参数设置等。

2.7.1 求解离散方法设置

在工作界面中的左侧"Solution"下，双击"Methods"选项，如图 2.91 所示。

弹出如图 2.92 所示的"Solution Methods"（求解方法）设置面板，在其中可以进行 Fluent 计算求解方法设置，具体说明如下。

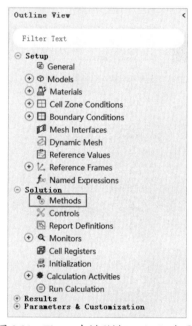

图 2.91　Fluent 中树形树 Methods 选项

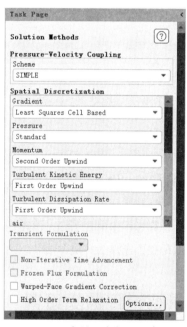

图 2.92　Fluent 中模型求解方法参数设置

1. 压力－速度关联算法

在使用分离求解器时，压力－速度的关联形式有 SIMPLE、SIMPLEC 和 PISO。其中 Fluent 软件中默认设定的格式为 SIMPLE 格式，SIMPLEC 稳定性较好，PISO 用于非稳态计算，允许使用较长的时间步长进行计算，节约计算时间，此外也可在网格畸变很大时应用。

2. 离散格式

Fluent 软件中的离散格式包括一阶迎风格式、指数律格式、二阶迎风格式、QUICK 格式、中心差分格式等形式。下面进行重点分析。

（1）一阶迎风格式。在使用一阶迎风格式时，边界面上的变量值被取为上游单元控制点上的变量值。

（2）指数律格式。指数律格式认为流场变量在网格单元中呈指数规律分布。在对流作用起主导作用时，指数律格式等同于一阶迎风格式；在纯扩散问题中，对流速度接近于零，指数律格式等于线性插值，即网格内任意一点的值都可以用网格边界上的线性插值得到。

（3）二阶迎风格式。二阶迎风格式保留了 Taylor 级数的第一项和第二项，因而认为本地边界点的值等于上游网格控制点的值与一个增量的和，其精度为二阶精度。

（4）QUICK 格式。QUICK 格式是针对结构化网格提出的。但也可用于非结构网格计算，此时六面体边界点上的值是用二阶迎风格式计算的。当流动方向与网格划分方向一致时，QUICK 格式具有更高的精度。

（5）中心差分格式。中心差分格式以本地网格单元的控制点为基点，对流场变量做 Taylor 级数展开并保留前两项，在一般情况下，求解所得边界点变量值与二阶迎风差分得到的变量值不同，二者的算术平均值就是流场变量在边界点上用中心差分格式计算出的值。

2.7.2 松弛因子参数设置

在工作界面中左侧的"Solution"下双击"Controls"选项，弹出"Solution Controls"（松弛因子）设置对话框，参数设置如图 2.93 所示。

松弛因子即为 Fluent 计算过程中方程迭代的系数。因此计算的稳定性与松弛因子紧密相关。在大多数情况下，松弛因子保持默认设置即可，但如果某些仿真计算非常复杂，计算过程中出现了残差值震荡、发散，则可以通过降低松弛因子作为解决办法。

2.8 求解过程监测设置

对求解方法及松弛因子设置完成后，可以对求解过程监测进行设置，即可以对计算残差、计算变量（温度、速度、压力）等参数进行监测。

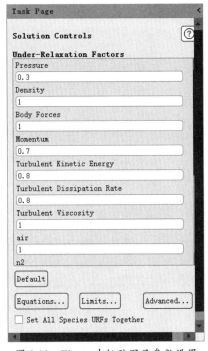

图 2.93　Fluent 中松弛因子参数设置

2.8.1 残差监测设置

在工作界面左侧的"Solution"下的"Monitors"下，双击"Residual"选项，弹出"Residual Monitors"（残差计算曲线）设置对话框，在"Iterations to Plot"选项文本框中输入"1000"，在"Iterations to Store"选项文本框中输入"1000"，数值的大小可以根据需要进行修改。Fluent 软件中收敛精度默认为 1e-3，如果想增加计算精度，则可以将收敛标准改为 1e-5 或更低，此时需要注意，单精度计算，收敛标准最低为 1e-6，双精度计算，收敛标准最低为 1e-12，具体设置如图 2.94 所示。

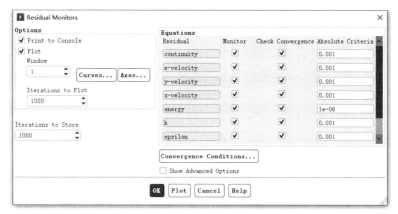

图 2.94　Fluent 中残差曲线监测设置

2.8.2　面参数监测设置

在仿真计算过程中，尤其是非稳态的计算，当需要重点关注面参数在计算过程中的变化时，则需要进行面参数监测设置。如图 2.95 所示为 Solution 下的监测设置面板，其中框线中的"Report Files"选项代表可以将监测的参数进行输出保存。

（1）右击"Report Files"选项，然后在弹出的快捷菜单中选择"New"命令，则弹出如图 2.96 所示的"New Report File"设置对话框，在"File Name"栏中对输出保存文件的名称及计算步数间隔进行设置。

图 2.95　Fluent 中面参数监测设置　　　　图 2.96　Fluent 中监测文件输出设置

（2）单击"New"按钮，在下拉列表框中选择"Surface Report"选项，弹出如图 2.97 所示的面参数监测设置，这里以"Area-Weighted Average"选项为例，双击则弹出如图 2.98 所示的"Surface Report Definition"设置对话框。

由图 2.98 可知，在"Field Variable"栏下可进行监测变量选择，如选取速度、温度、压力等。在"Surfaces"选项下可进行监测面的选取，一般建议单次只选择一个面进行设置。

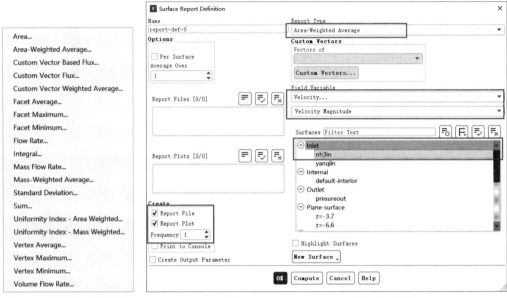

图 2.97　面参数监测设置　　　　图 2.98　Surface Report Definition 设置

2.8.3　体参数监测设置

体参数监测设置与面参数监测设置类似，在计算过程中可以对计算域内体参数进行监测。

在图 2.95 中右击"Report Files"选项，在弹出的快捷菜单中选择"New"命令，则出现如图 2.99 所示的"New Report File"设置对话框。单击"New"按钮，在下拉列表中右击"Volume Report"选项，则显示如图 2.99 所示的"Volume Report"的子选项。

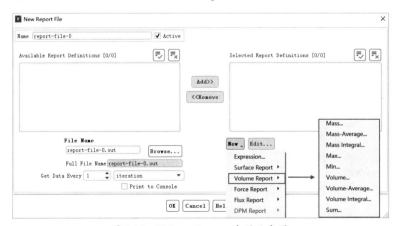

图 2.99　Volume Report 选项示意图

图 2.100 所示为"Volume Report Definition"设置对话框，在"Report Type"下拉列表框中可以选取不同的 Volume Report 方式，在"Field Variable"下拉列表框中可以选取不同的变量，如压力、速度等，其他的设置与面监测参数类似。

图 2.100　Volume Report Definition 设置

2.9　初始化参数设置

上述设置完成后，则需要对计算参数进行初始化设置，参数初始化的好坏影响着计算结果，因此设置时需要特别注意。Fluent 软件中初始化的方法有以下两种：一种为全局初始化，即对全部网格单元上的流场变量进行初始值设置；另一种为对流场进行局部修改，即在局部网格上对流场变量进行修改。全局初始化之后才可以进行局部修改设置。

（1）在工作界面左侧的"Solution"下双击"Initialization"选项，弹出"Solution Initialization"（参数初始化）设置面板，如图 2.101 所示。

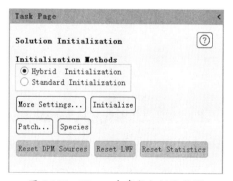

图 2.101　Fluent 中参数初始化设置

（2）Hybrid Initialization 方法不需要特别设置，选中
"Hybrid Initialization"单选按钮后，直接单击"Initialize"
按钮即可完成初始化，这种方法的优点是在 Solution
Methods 中可以直接选择高阶算法进行计算。

（3）Standard Initialization 方法设置如图 2.102 所示，
在"Compute from"的下拉列表框中进行计算域的设置，
在"Initial Values"栏中设置所有流场区域变量初始化的
数值。但 Standard Initialization 方法对操作要求较高，建
议初学者选择 Hybrid Initialization 方法进行初始化设置。

（4）初始化之后，根据仿真需求需要对某些局部区
域变量的值进行修改。局部区域初始化需要在 Solution
Initialization（参数初始化）后单击对话框中"Patch"（修
补）按钮来进行设置，弹出如图 2.103 所示的"Patch"（修
补）设置对话框。在"Variable"选项下选择需要 Patch
（修补）的变量，如组分、温度、压力等，在"Zones to

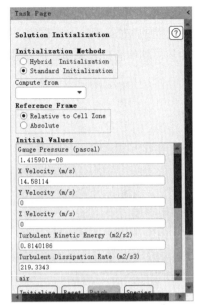

图 2.102　Fluent 中 Standard Initialization
初始化设置

Patch"选项组下选择需要 Patch（修补）的计算域，在"Value"文本框中设置初始化的数值。

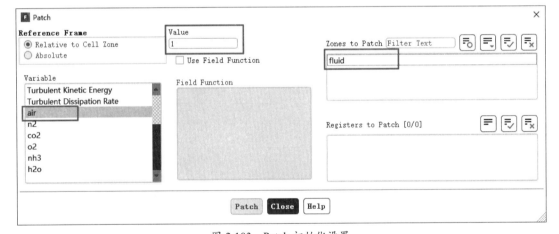

图 2.103　Patch 初始化设置

2.10 输出保存文件设置

对参数进行初始化设置后，应及时进行设置文件的保存，以防止求解计算过程中软件卡死或计
算机断电导致设置文件未保存。

在工作界面上方的菜单中选择"File"→"Write"→"Case"命令，如图 2.104 所示，输出完成后，则可将设置好的 Case 文件保存在工作目录下。

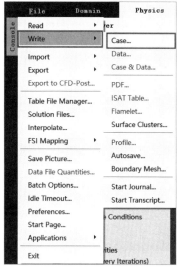

图 2.104　Fluent 中输出保存文件设置

2.11　求解计算设置

全部设置完成后，最后一步是对求解计算进行设置。

（1）在工作界面左侧的"Solution"下双击"Run Calculation"选项，弹出如图 2.105 所示的对稳态计算的"Run Calculation"（求解计算）设置面板。在"Number of Iterations"中进行迭代步数设置，在"Reporting Interval"选项文本框中设置报告间隔，即每隔多少步长显示一次求解信息，默认设置为"1"。设置完毕后，单击"Calculate"（计算）按钮开始计算。计算开始后，会弹出工作窗口提示迭代正在进行，如果想中断计算，那么可以单击"Stop"按钮停止。

（2）非稳态问题的求解计算设置如图 2.106 所示。"Time Advancement"选项组下时间步长的方法有"Fixed"及"Adaptive"两种。其中，"Fixed"表示计算过程中时间步长固定不变；"Adaptive"表示时间步长是可变的。在"Time Step Size"选项文本框中可设置时间步长，设置的数值越小计算越精确，但是计算时间也越长。在"Number of Time Steps"选项文本框中可设置需要求解的时间步数，其数值与时间步长的乘积为最终的计算时间。

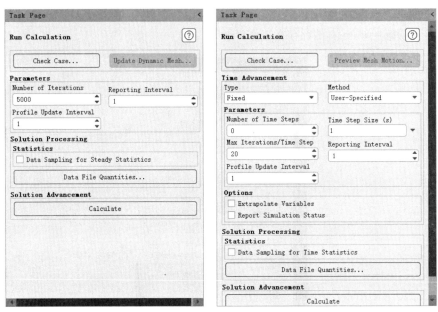

图 2.105　Fluent 中稳态计算求解设置　　　图 2.106　Fluent 中非稳态计算求解设置

（3）在"Type"下拉列表框中选择"Adaptive"选项，则弹出如图 2.107 所示的非稳态求解计算设置面板。可见 Type 类型由 Fixed 改为了 Adaptive Time Step Settings（可变时间步长）。

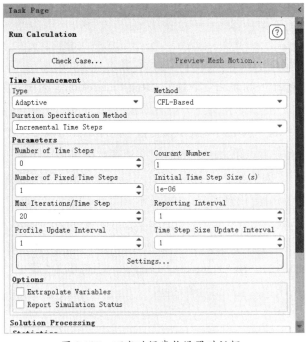

图 2.107　可变时间步长设置对话框

（4）上述设置完成后，单击"Calculate"按钮即可开始计算。

第 3 章
变压器绕组温升及内部流场仿真分析研究

随着配电网的升级改造，各种电压等级的变压器应用范围越来越广，目前很多设计人员在优化变压器电气及结构设计时，面临的问题就是变压器内绕组、铁芯的温升是否满足设计要求。因此如何运用 Fluent 软件来进行定性、定量分析此类问题就显得尤为重要。本章以分体式变压器内部绕组温升及油的温度场和流场分析为例，来介绍如何进行变压器内部绕组、铁芯发热体等效处理及仿真计算。

学习目标：

● 学习对变压器内绕组、铁芯发热体如何进行等效处理分析
● 学习如何对变压器内油的物性参数进行设置
● 学习如何对三维耦合传热面及散热面进行设置

注意：本章内容涉及变压器内绕组、铁芯发热等效处理及耦合传热面设置，仿真时需要重点关注。

3.1 案例简介

本章以分体式变压器内温度场及流场仿真为研究对象，分体式变压器运行时其内部绕组及铁芯发出的热量由内部流动的油带走。对于变压器内部的油，由于温度变化会导致其自身密度变化，因此受密度差驱动其在变压器内自然循环流动。受热的油从出口连接管流动到上部风冷散热器内部，温度降低后受重力影响再回流至变压器内部，如此循环往复。

变压器内部由绕组及铁芯组成，上部为风冷散热器，中间为连接油管路，如图 3.1 所示，应用 Fluent 2020 软件可对变压器内部绕组、铁芯温度及油的流场进行分析。

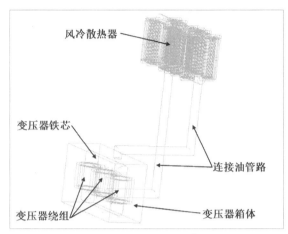

图 3.1　变压器温度及流动分析几何模型

3.2 软件启动及网格导入

运行 Fluent 软件，并进行网格导入，具体操作步骤如下。

（1）在桌面上双击"Fluent 2020"快捷方式图标，启动 Fluent 2020 软件；或在"开始"菜单中选择"所有程序"→"ANSYS 2020"→"Fluent 2020"命令，进入"Fluent Launcher"界面。在"Fluent Launcher"界面中的"Dimension"下选中"3D"单选按钮，在"Options"下选中"Double Precision"和"Display Mesh After Reading"复选框，如图 3.2 所示。

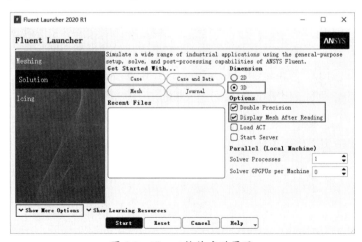

图 3.2　Fluent 软件启动界面

（2）单击"Show More Options"，在"General Options"选项卡中的"Working Directory"下拉列表中进行工作目录的设置，此处需要注意，Fluent 软件默认的工作目录下不能有汉字，如图 3.3 所示。

（3）单击"Start"按钮进入 Fluent 主界面，选择"File"→"Read"→"Mesh"命令，如图 3.4 所示。

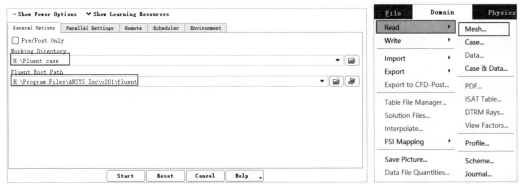

图 3.3 Fluent 软件工作目录选取   图 3.4 读入网格设置

（4）弹出网格导入的"Select File"对话框，如图 3.5 所示，选择命名为"byq.msh"的网格文件，单击"OK"按钮完成网格导入。

（5）导入网格后，在图形显示区将显示几何模型。

注意：在软件启动之前需设置工作目录，仿真时需要重点关注。

图 3.5 网格读入设置对话框

3.3 模型、材料及边界条件设置

3.3.1 总体模型设置

网格导入成功后，对 General 总体模型进行设置，具体操作步骤如下。

（1）在工作界面左侧的"Setup"下双击"General"选项，弹出"General"（总体模型）设置面板，如图 3.6 所示。

（2）单击"Mesh"栏中的"Scale"按钮，进行网格尺寸大小检查。本案例默认尺寸单位为 m，具体设置如图 3.7 所示。

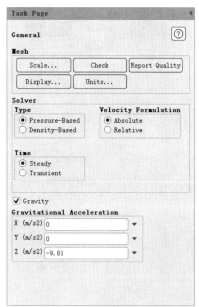

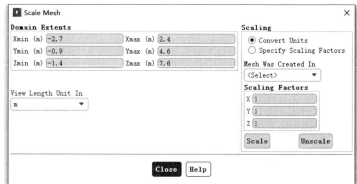

图 3.6　General 总体模型设置　　　　　图 3.7　Mesh 网格尺寸大小检查设置

（3）单击"Mesh"栏中的"Check"按钮可进行网格检查，即检查网格划分是否存在问题，如图 3.8 所示。

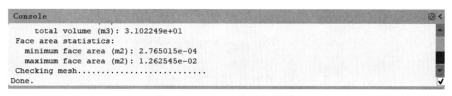

图 3.8　Mesh 网格检查设置

通过 Check 可以知道导入的网格是否可以满足计算要求。

（4）单击"Mesh"栏中的"Report Quality"按钮，可查看网格质量。

（5）在"Solver"栏中，在"Type"下选中"Pressure-Based"单选按钮，即为选择基于压力求解；在"Time"下选中"Steady"单选按钮，即为进行稳态计算。

（6）其他选项保持默认，如图 3.6 所示。

（7）在工作界面上中选择"Physics"选项卡，选择"Solver"→"Operating Conditions"选项，弹出如图 3.9 所示的"Operating Conditions"（操作压力重力条件）设置对话框。选中"Gravity"复选框，在"Z（m/s2）"选项文本框中输入"-9.81"（考虑重力方向），在"Operating Temperature（k）"

选项文本框中输入"288.16"，选中"Specified Operating Density"复选框，在"Operating Density（kg/m3）"选项文本框中输入"890"（此值与所选变压器冷却油的物性参数相关，可以根据需要进行更改），其他设置保持默认，单击"OK"按钮确认。

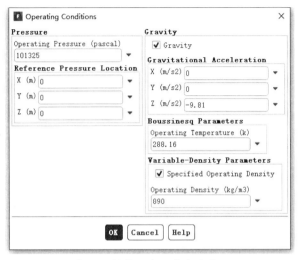

图 3.9　操作压力及密度设置

3.3.2　物理模型设置

对 General 总体模型进行设置后，然后对仿真计算物理模型进行设置。通过对变压器内部绕组温升、油的温度场 / 流场及变压器散热器与外界环境换热等问题进行综合分析可知，需要设置油流动模型及传热模型，通过分析变压器内部的油受热运动方向是各向的，因此判断变压器内部油的流动状态为湍流状态，具体操作步骤如下。

（1）在工作界面左侧的"Setup"下双击"Models"选项，弹出"Models"（物理模型）设置对话框。

（2）在"Models"下双击"Energy"选项，打开"Energy"对话框，选中"Energy Equation"复选框，打开能量方程，如图 3.10 所示。

图 3.10　Fluent 中能量方程设置

（3）在"Models"下双击"Viscous"选项，打开"Viscous Model"对话框，进行湍流流动模型设置。在"Model"栏中选中"k-epsilon（2 eqn）"单选按钮，在"k-epsilon Model"栏中选中"Standard"单选按钮，其余参数保持默认，如图 3.11 所示，单击"OK"按钮保存设置。

（4）在"Models"下双击"Radiation"（辐射）选项，打开"Radiation Model"对话框，进行辐射换热模型设置。在"Model"栏中选中"P1"模型单选按钮，其余参数保持默认，单击"OK"按钮保存设置，如图 3.12 所示。

图 3.11　湍流模型设置

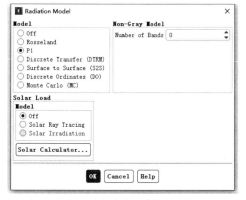

图 3.12　辐射换热模型设置

3.3.3　材料设置

对 Model 物理模型设置完成后，下一步进行材料属性设置。Fluent 软件中默认的流体域材料是 air，固体域材料为 aluminum，因此需要新增油、铁芯及绕组材料，具体操作步骤如下。

（1）在工作界面左侧的"Setup"下双击"Materials"选项，弹出"Materials"（材料属性）设置面板，如图 3.13 所示。

（2）在"Materials"对话框中的"Materials"栏下的"Fluid"中双击"air"，打开"Create/Edit Materials"对话框，对 air 材料进行设置，如图 3.14 所示。

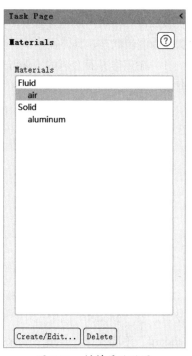

图 3.13　材料属性设置

图 3.14　空气材料属性设置

（3）在"Create/Edit Materials"对话框中单击"Fluent Database"按钮，弹出"Fluent Database Materials"对话框，在"Fluent Fluid Materials"下拉列表框中选择"fuel-oil-liquid（c19h30 < l >)"选项，单击"Copy"按钮，实现新增变压器油材料，如图 3.15 所示。

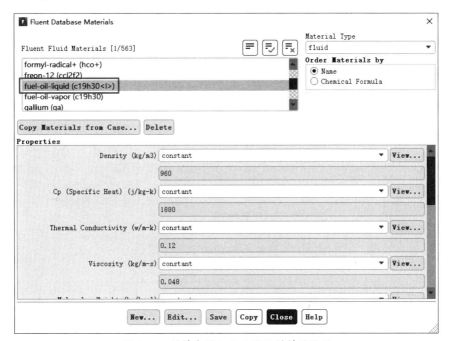

图 3.15　材料中增加变压器油材料的设置

（4）增加完 fuel-oil-liquid 后，需要进行材料属性修改。双击"Fluid"下的"fuel-oil-liquid"选项，弹出如图 3.16 所示的"Create/Edit Materials"对话框，在"Properties"栏中的"Density"

的下拉列表框中选择"piecewise-linear"（线性变化）选项，然后单击"Edit"按钮，弹出如图 3.17 所示的"Piecewise-linear Profile"对话框。

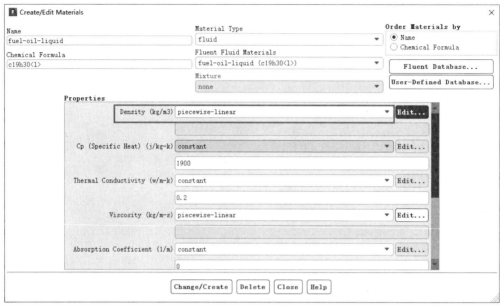

图 3.16　油的物性参数修改设置

（5）在图 3.17 中的"Points"选项文本框中将数值改成 11（代表需要定义 11 个密度随温度变化的点）。随后依次输入对应温度下的密度值即可。例如，在"Data Points"栏中，"Point"选项文本框数值为"1"，"Temperature（k）"选项文本框为"273.15"，"Value（kg/m3）"文本框输入"893"。

（6）在"Data Points"栏中，"Point"选项文本框数值为"2"，则"Temperature（k）"文本框输入为"283.15"，"Value（kg/m3）"文本框输入"887"，如图 3.18 所示。

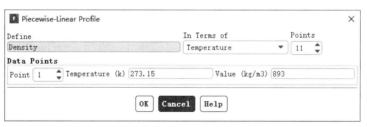

图 3.17　油密度线性温度变化设置（1）

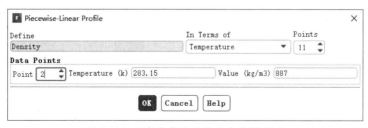

图 3.18　油密度线性温度变化设置（2）

（7）参照以上步骤，依次输入 11 个温度值下的密度值。具体值如表 3.1 所示。

表 3.1　油密度随温度线性变化设置参数表

序号	温度（K）	密度（kg/m³）
1	273.15	893
2	283.15	887
3	293.15	882
4	303.15	876
5	313.15	870
6	323.15	864
7	333.15	858
8	343.15	852
9	353.15	847
10	363.15	841
11	373.15	835

（8）在"Materials"下的"Solid"中双击"aluminum"选项，打开"Create/Edit Materials"对话框，进行 aluminum 材料设置，如图 3.19 所示。

图 3.19　铝材料属性设置

（9）在"Create/Edit Materials"对话框中单击"Fluent Database"按钮，弹出"Fluent Database Materials"设置对话框，在"Fluent Solid Materials"栏中选择"copper（cu）"选项，单击"Copy"

按钮，实现新增变压器绕组铜材料，如图 3.20 所示。

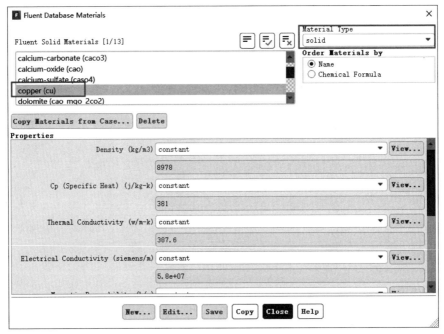

图 3.20　增加铜材料的设置

（10）用同样的操作方法，在固体材料中新增steel材料，用于变压器的铁芯材料，如图3.21所示。

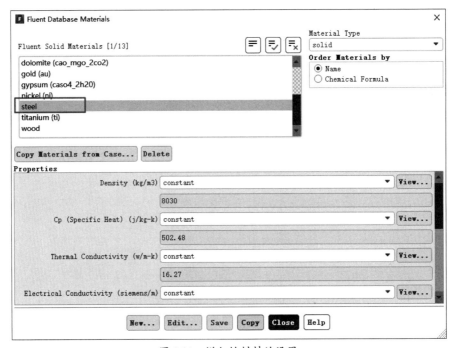

图 3.21　增加铁材料的设置

3.3.4 计算域设置

对材料的属性进行设置后，下一步要对计算域进行设置，对于变压器内部绕组温升及油的流动仿真问题分析，最重要的操作就是计算域材料属性的设置，因为绕组、铁芯的发热量不一样，所以材料的传导热特性也不一样，而对于体发热源的等效处理，也是在计算域处进行发热量的设置。

（1）在工作界面左侧的"Setup"下双击"Cell Zone Conditions"选项，弹出"Cell Zone Conditions"设置面板，对 Fluid（流体域）及 Solid（固体域）进行设置，如图 3.22 所示。

（2）在"Zone"栏中双击"oil"选项，弹出"Fluid"（流体域）设置对话框，在"Material Name"下拉列表框中选择"fuel-oil-liquid"选项，其余的保持默认，单击"OK"按钮，保存设置，如图 3.23 所示。

图 3.22　计算区域内材料及发热量设置

图 3.23　流体域内材料设置

（3）在图 3.22 中，双击"Zone"下的"dyraozu"，弹出如图 3.24 所示的"Solid"（固体域）设置对话框，在"Material Name"选项文本框中选择"copper"选项。

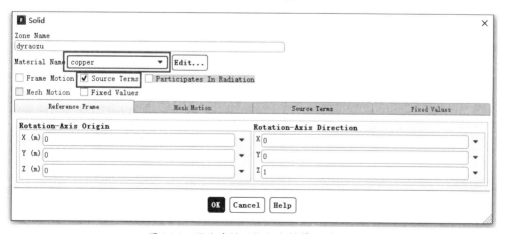

图 3.24　固体域低压绕组内材料设置（1）

先选中"Source Terms"复选框，再选择"Source Terms"选项卡，则显示如图 3.25 所示的固体域低压绕组发热量设置对话框。单击"Edit"按钮，弹出如图 3.26 所示的"Energy sources"对话框，在"1.（w/m3）"选项文本框中输入"101500"（通过低压绕组发热量折算计算而来），再单击"OK"按钮，保存低压绕组发热量设置。其余的保持默认，单击"OK"按钮，保存低压绕组材料设置。

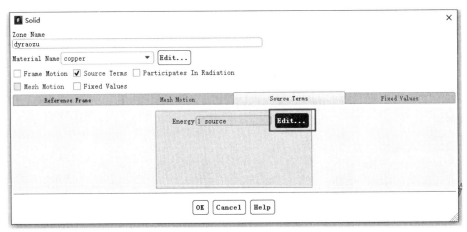

图 3.25　固体域低压绕组发热量设置（2）

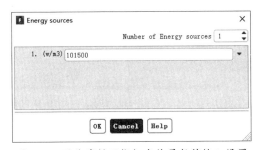

图 3.26　固体域低压绕组发热量数值输入设置

（4）双击"Zone"下的"gyraozu"，弹出如图 3.27 所示的"Solid"（固体域）设置对话框，在"Material Name"下拉列表框中选择"copper"选项。

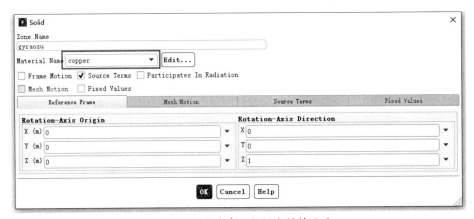

图 3.27　固体域高压绕组内材料设置

选中"Source Terms"复选框，再选择"Source Terms"选项卡，弹出如图 3.28 所示的"Energy sources"对话框。在"1.（w/m3）"文本框中输入"80700"（通过高压绕组发热量折算而来），单击"OK"按钮即可，保存高压绕组发热量的设置。其余的保持默认，再单击"OK"按钮，以保存高压绕组材料的设置。

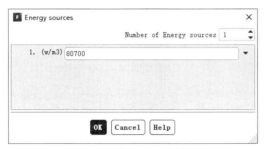

图 3.28　固体域高压绕组发热量数值输入设置

（5）双击"Zone"下的"tiexin"，弹出如图 3.29 所示的"Solid"（固体域）设置对话框，在"Material Name"下拉列表框中选择"steel"选项。

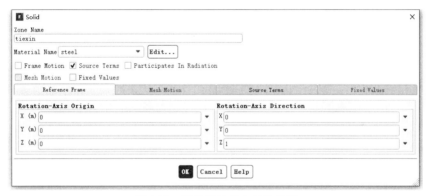

图 3.29　固体域铁芯内材料设置

（6）选中"Source Terms"复选框，再选择"Source Terms"选项卡，弹出如图 3.30 所示的"Energy sources"对话框。在"1.（w/m3）"文本框中输入"6660"（通过铁芯发热量折算而来），单击"OK"按钮，保存铁芯发热量的设置。其余的保持默认，再单击"OK"按钮，以保存铁芯材料的设置。

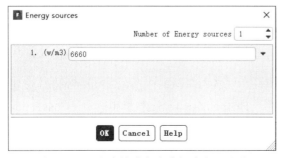

图 3.30　固体域铁芯发热量数值输入设置

3.3.5 边界条件设置

对计算域内材料设置完成后，下一步进行边界条件的设置。变压器分析涉及的面边界类型比较多，但是没有速度进出口，故只需将各种类型的面进行设置，下面依次进行设置说明。

（1）在工作界面左侧的"Setup"下双击"Boundary Conditions"选项，弹出"Boundary Conditions"（边界条件）设置面板，如图 3.31 所示。

（2）在图 3.31 中双击"wall-waike"选项，弹出"Wall"设置对话框。选择"Thermal"选项卡，在"Thermal Conditions"栏中选中"Convection"单选按钮，在"Material Name"下拉列表框中选择"aluminum"，在"Heat Transfer Coefficient"选项文本框中输入"8"，在"Free Stream Temperature"选项文本框中输入"283.15"，在"Internal Emissivity"选项文本框中输入"0.9"，其余参数设置如图 3.32 所示。最后单击"OK"按钮保存设置。

图 3.31　Fluent 中边界条件设置

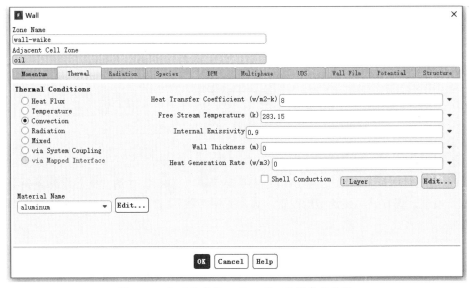

图 3.32　变压器箱体 wall-waike 边界参数设置

（3）在图 3.31 中双击"wall"（散热器壁面）选项，弹出"Wall"设置对话框对 wall 进行设置。选择"Thermal"选项卡，在"Thermal Conditions"栏中选中"Convection"单选按钮，在"Material Name"下拉列表框中选择"aluminum"选项，在"Heat Transfer Coefficient"选项文本框中输入"160"，在"Free Stream Temperature"选项文本框中输入"283.15"，在"Internal Emissivity"选项

文本框中输入"0.9"，其余参数设置如图 3.33 所示。单击"OK"按钮保存设置。

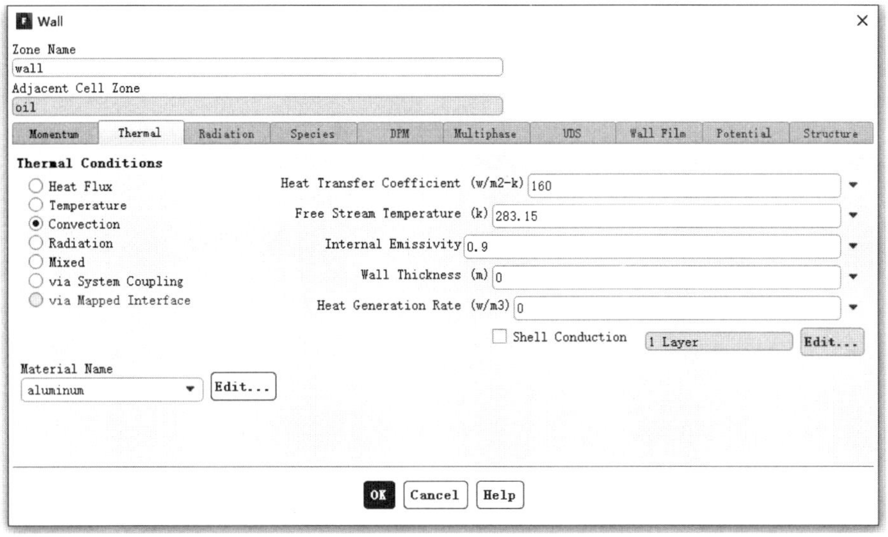

图 3.33　散热器壁面 wall 边界参数设置

（4）在图 3.31 中，双击"wall：009"（高压绕组传热面）选项，弹出"Wall"设置对话框对 wall：009 进行设置。选择"Thermal"选项卡，在"Thermal Conditions"栏中选中"Coupled"单选按钮，在"Material Name"下拉列表框中选择"copper"选项，在"Internal Emissivity"选项文本框中输入"1"，其余参数设置如图 3.34 所示。最后单击"OK"按钮保存设置。

图 3.34　高压绕组传热面 wall：009 设置

（5）在图 3.31 中，双击"wall：009-shadow"选项（高压绕组与油的耦合传热面），弹出"Wall"设置对话框对 wall：009-shadow 进行设置。选择"Thermal"选项卡，在"Thermal Conditions"栏

中选中"Coupled"单选按钮，在"Material Name"下拉列表框中选择"copper"选项，其余参数设置如图 3.35 所示，最后单击"OK"按钮保存设置。

图 3.35　高压绕组与油的耦合传热面 wall：009-shadow 设置

（6）在图 3.31 中双击"wall：011"（低压绕组传热面）选项，弹出"Wall"设置对话框对 wall：011 进行设置。选择"Thermal"选项卡，在"Thermal Conditions"栏中选中"Coupled"单选按钮，在"Material Name"下拉列表框中选择"copper"选项，在"Internal Emissivity"文本框中输入"1"，其余参数设置如图 3.36 所示，最后单击"OK"按钮保存设置。

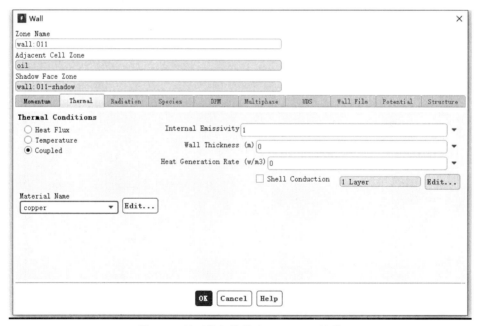

图 3.36　低压绕组传热面 wall：011 设置

（7）在图 3.31 中双击"wall：011-shadow"（低压绕组与油的耦合传热面）选项，弹出"Wall"设置对话框对 wall：011-shadow 进行设置。选择"Thermal"选项卡，在"Thermal Conditions"栏

中选中"Coupled"单选按钮，在"Material Name"下拉列表框中选择"copper"选项，其余参数设置如图 3.37 所示，最后单击"OK"按钮保存设置。

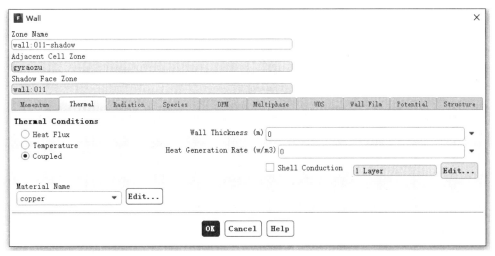

图 3.37 低压绕组与油的耦合传热面 wall：011-shadow 设置

（8）在图 3.31 中双击"wall：012"（铁芯传热面）选项，弹出"Wall"设置对话框对 wall：012 进行设置。选择"Thermal"选项卡，在"Thermal Conditions"栏中选中"Coupled"单选按钮，在"Material Name"下拉列表框中选择"steel"选项，其余参数设置如图 3.38 所示，最后单击"OK"按钮保存设置。

图 3.38 铁芯传热面 wall：012 设置

（9）在图 3.31 中双击"wall：012-shadow"（铁芯与油的耦合传热面）选项，弹出"Wall"设置对话框对 wall：012-shadow 进行设置。选择"Thermal"选项，在"Thermal Condition"栏中选中"Coupled"单选按钮，在"Material Name"下拉列表框中选择"steel"选项，在"Internal Emissivity"选项文本框中输入"1"，如图 3.39 所示，最后单击"OK"按钮保存设置。

图 3.39　铁芯与油的耦合传热面 wall：012-shadow 设置

（10）在图 3.31 中双击"wall-guandao"（连接管道壁面），弹出"Wall"设置对话框对 wall：012-shadow 进行设置。选择"Thermal"选项卡，在"Thermal Condition"栏中选中"Convection"单选按钮，在"Material Name"下拉列表框中选择"aluminum"选项，在"Heat Transfer Coefficient"选项文本框输入"5"，在"Free Stream Temperature"选项文本框中输入"283.15"，在"Internal Emissivity"选项文本框中输入"0.9"，其余参数设置如 3.40 所示，最后单击"OK"按钮保存设置。

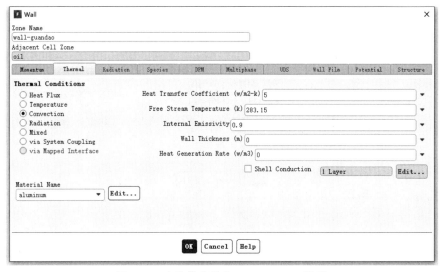

图 3.40　连接管道壁面 wall-guandao 设置

注意：Fluent 中进行变压器绕组温升分析时，难点就是边界条件很多，设置时需要格外注意。

3.4 求解设置

3.4.1 求解方法及松弛因子设置

对边界条件设置完成之后，下一步对求解方法及松弛因子进行设置，求解方法和松弛因子的设置对结果的计算精度影响很大，设置时需要合理。

（1）在工作界面左侧的"Solution"下双击"Methods"选项，弹出"Solution Methods"（求解方法）设置面板。在"Scheme"栏中选择"SIMPLE"选项，在"Gradient"下拉列表框中选择"Least Squares Cell Based"选项，在"Pressure"下拉列表框中选择"Standard"选项，动量、湍动能及耗散能选择二阶迎风进行离散计算，其余设置如图 3.41 所示。

（2）在工作界面左侧的"Solution"下双击"Controls"选项，弹出"Solution Controls"（松弛因子）设置面板，参数设置如图 3.42 所示。

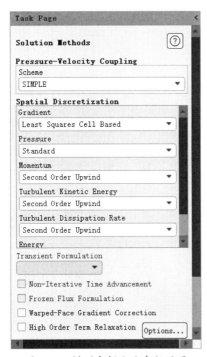

图 3.41　模型求解方法参数设置

图 3.42　松弛因子参数设置

3.4.2 变量监测设置

在对模型的求解方法及松弛因子设置完成之后，下一步进行变量输出的监测设置。因为对于这种没有进出口边界条件的仿真来说，计算收敛比较复杂，所以本节通过监测计算过程中整个计算域内油的平均温度，来作为辅助判断计算收敛的依据。

（1）在工作界面左侧的"Solution"下右击"Report Definitions"选项，在弹出的快捷菜单中选择"New"→"Volume Report"→"Volume-Average"命令，如图 3.43 所示。

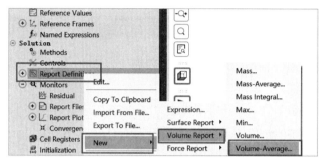

图 3.43　Fluent 中计算域变量监测设置

（2）弹出如图 3.44 所示的设置对话框，在"Report Type"下拉列表框中选择"Volume-Average"选项，在"Field Variable"下拉列表框中选择"Temperature"选项，在"Cell Zones"下拉列表框中选择"oil"选项，单击"OK"按钮保存设置。

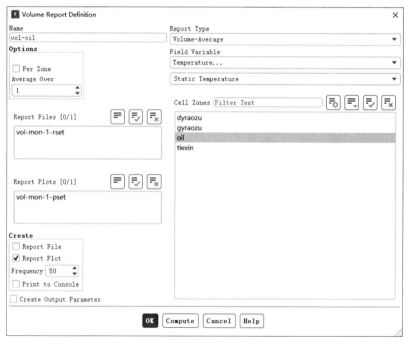

图 3.44　计算域内平均油温监测设置

3.4.3　求解过程监测设置

对求解方法、松弛因子及变量监测设置完之后，下一步对求解过程进行监测设置。

（1）在工作界面左侧的"Solution"下的"Monitors"中双击"Residual"选项，如图 3.45 所示。

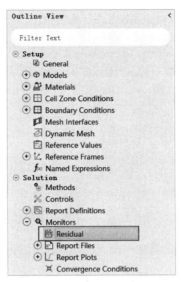

图 3.45　计算残差曲线设置

（2）弹出如图 3.46 所示的"Residual Monitors"（残差计算曲线）设置对话框。在"Iterations to Plot"选项文本框中输入"100"，在"Iterations to Store"选项文本框输入"100"，这个数值可以根据需要进行修改。连续性方程、速度等收敛精度保持默认为"0.001"，能量方程收敛精度默认为"1e-06"，如图 3.46 所示。

（3）单击"OK"按钮，保存计算残差曲线设置。

图 3.46　残差计算曲线监测设置

3.4.4　参数初始化设置

对求解过程监测设置完之后，下一步对参数初始化进行设置。

（1）在工作界面左侧的"Solution"下双击"Initialization"选项，弹出 Solution Initialization（参

数初始化）设置面板，选中"Hybrid Initialization"单选按钮，如图 3.47 所示。

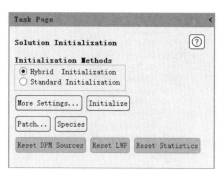

图 3.47　参数初始化设置

（2）单击"Initialization"按钮，对整个设置进行参数初始化。

3.4.5 输出保存设置文件

在初始化设置完成后，进行设置文件保存。在工作界面中选择"File"→"Write"→"Case"命令，如图 3.48 所示，然后将设置好的 Case 文件保存在工作目录下即可。

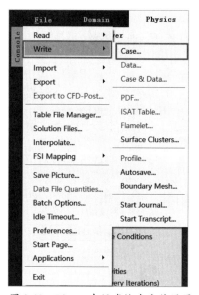

图 3.48　Fluent 中保存输出文件设置

3.4.6 求解计算设置

在对参数初始化及文件保存之后，下一步进行求解计算设置。

（1）在工作界面左侧的"Solution"下双击"Run Calculation"选项，如图 3.49 所示。

（2）弹出如图 3.50 所示的"Run Calculation"（求解计算）设置面板。单击"Check Case"按钮，进行整个 Case 文件中的设置检查。在"Number of Iterations"选项文本框中输入"6000"，如图 3.50 所示。

（3）单击"Calculate"按钮，对整个的 Case 文件进行计算设置。

（4）如果计算过程中需要停止计算，则单击取消即可。

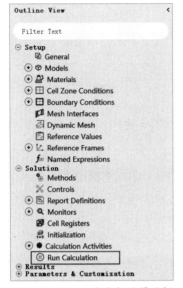

图 3.49　Fluent 中求解计算选择

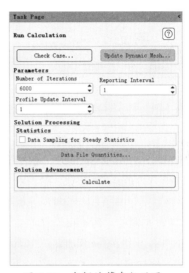

图 3.50　求解计算参数设置

3.5 结果处理及分析

在计算完成后，则需要对计算结果进行后处理。如何进行计算结果的处理，也是极其重要的，包括分析截面的选取，计算结果的提取等。下面将介绍如何创建截面、温度云图分析等。

3.5.1 创建分析截面

为了更好地进行结果分析，下面将依次创建分析截面 x=-0.15、x=1 及 y=-0.033，具体操作步骤如下。

（1）在工作界面左侧的"Results"下右击"Surface"选项，在弹出的快捷菜单中选择"New"→"Plane"命令，如图 3.51 所示。

打开如图 3.52 所示的"Plane Surface"对话框，在"Name"文本框中输入"x=-0.15"，在"Method"下拉列表框中选择"YZ Plane"选项，在"X（m）"文本框中输入 -0.15，即可创建分析截面 x=-0.15。

图 3.51　创建截面设置

图 3.52　创建截面 x=−0.15 设置

（2）在工作界面左侧的"Results"下右击"Surface"，在弹出的快捷菜单中选择"New"→"Plane"命令，弹出"Plane Surface"对话框，在"Name"文本框中输入"x=1"，在"Methods"下拉列表框中选择"YZ Plane"选项，在"X（m）"文本框中输入"1"，创建分析截面 x=1，如图 3.53 所示。

（3）在工作界面左侧的"Results"下右击"Surface"选项，在弹出的快捷菜单中选择"New"→"Plane"命令，弹出"Plane Surface"对话框，在"Name"文本框中输入"y=−0.033"，在"Method"下拉列表框中选择"ZX Plane"选项，在"Y（m）"文本框中输入"−0.033"，创建分析截面 y=−0.033，如图 3.54 所示。

图 3.53　创建截面 x=1 的设置

图 3.54　创建截面 y=−0.033 的设置

注意：Fluent 2020 中对新建截面有很方便的操作，具体会在操作视频中进行说明。

3.5.2　温度云图分析

温度分析在变压器热仿真计算中是重中之重，因此，如何基于创建的分析截面进行温度分析，并找出热点温度所在，就显得尤为重要。在分析截面创建完成后，下一步分析截面的温度云图显示，其具体的操作步骤如下。

（1）双击工作界面左侧的"Graphics"选项，弹出"Graphics and Animations"（图形和动画）

设置面板，如图 3.55 所示。

（2）双击"Graphics"下的"Contours"选项，弹出如图 3.56 所示的"Contours"设置对话框。在"Contour Name"文本框中输入"temperature-x-1"，在"Options"栏中分别选中"Filled"和"Node Values"复选框，其他的按照图 3.56 进行设置。在"Contours of"下拉列表框中选择"Temperature"选项，在"Surfaces"下拉列表框中选择"x=1"选项，单击"Save/Display"按钮，显示如图 3.57 所示的温度云图。

图 3.55　Fluent 中图形和动画结果设置　　　　　　图 3.56　x=1 截面温度云图显示设置

（3）双击"Graphics"下的"Contours"选项，弹出如图 3.58 所示的"Contours"设置对话框。在"Contour Name"文本框处输入"temperature-all"，在"Options"栏中分别选中"Filled"和"Node Values"复选框。在"Contours of"下拉列表框中选择"Temperature"选项，在"Surfaces"下分别选择"wall"、"wall-guandao"、"wall:009"、"wall:009-shadow"、"wall:011"、"wall:011-shadow"、"wall:012"和"wall:012-shadow"选项，单击"Save/Display"按钮，显示如图 3.59 所示的温度云图。

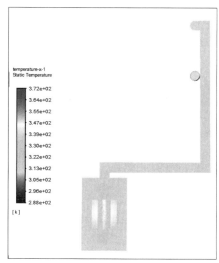

图 3.57　x=1 截面温度云图　　　　　　图 3.58　变压器中绕组及散热器整体温度云图显示设置

（4）双击"Graphics"下的"Contours"选项，弹出如图 3.60 所示的"Contours"设置对话框。

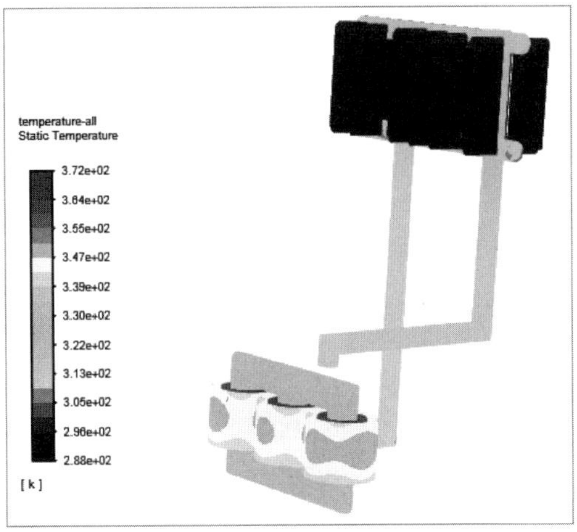

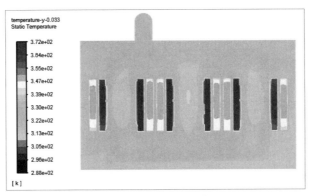

图 3.59　变压器中绕组及散热器整体温度云图 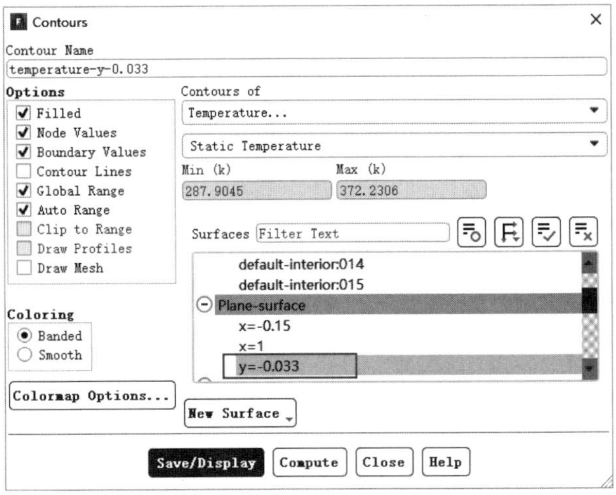　　　图 3.60　y=-0.033 截面温度云图显示设置

在"Contour Name"文本框中输入"temperature-y-0.033"，在"Options"栏中分别选中"Filled"和"Node Values"复选框，在"Contours of"下拉列表框中选择"Temperature"选项，在"Surfaces"下选择"y=-0.033"，单击"Save/Display"按钮，显示如图 3.61 所示的温度云图。

图 3.61　y=-0.033 截面温度云图

3.5.3 速度云图分析

变压器内速度场分布直观显示出变压器内部油的流动情况。因此如何进行截面速度分析就显得尤为重要。在截面温度云图分析完成后，下一步分析截面的速度云图显示，其具体的操作步骤如下。

（1）在图 3.55 中双击"Graphics"下的"Contours"选项，弹出"Contours"设置对话框。

（2）在"Contour Name"文本框输入"velocity-y-0.033"，在"Options"栏中分别选中"Filled"和"Node Values"复选框，其他的按照图 3.62 进行设置，在"Contours of"下拉列表框中选择"Velocity"选项。

图 3.62　y=-0.033 截面速度云图显示设置

（3）单击"Save/Display"按钮，显示如图 3.63 所示的速度云图。

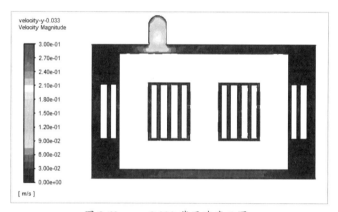

图 3.63　y=-0.033 截面速度云图

3.5.4　计算结果数据后处理分析

在完成温度云图和速度云图的定性分析后，如何基于计算结果进行定量分析也非常重要，计算结果数据定量分析的操作步骤如下。

（1）在工作界面左侧的"Results"中双击"Reports"选项，弹出如图 3.64 所示的"Reports"设置面板。

双击"Surface Integrals"选项，弹出如图 3.65 所示的截面计算结果处理的设置对话框。在"Report Type"下拉列表框中选择"Area-Weighted Average"（面平均）选项，在"Field Variable"下拉列表框中选择"Temperature"选项，在"Surface"下选择"wall"选项。单击"Compute"按

钮，则计算得出散热器面的平均温度约为 291.70K。

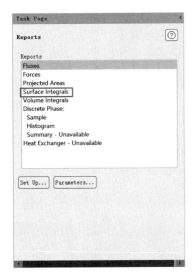

图 3.64　Fluent 中结果计算处理设置

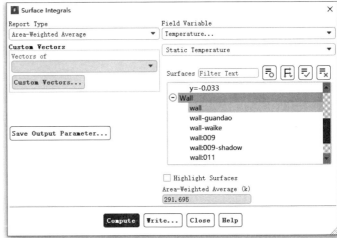

图 3.65　变压器热器面温度计算结果

（2）在工作界面左侧的"Results"中双击"Reports"选项，弹出"Reports"设置对话框。双击"Surface Integrals"选项，弹出如图 3.66 所示的截面计算结果处理的设置对话框。在"Report Type"下拉列表框中选择"Area-Weighted Average"（面平均）选项，在"Field Variable"下拉列表框中选择"Temperature"选项，在"Surfaces"选择"wall-waike"选项。单击"Compute"按钮，计算得出变压器箱体外壳的平均温度约为 315.57K。

（3）在工作界面左侧的"Results"中双击"Reports"选项，弹出如图 3.67 所示的"Reports"设置面板。

图 3.66　变压器箱体外壳平均温度计算结果

图 3.67　结果后处理中体平均计算设置

在图 3.67 中双击"Volume Integrals"选项，弹出如图 3.68 所示的"Volume Integrals"设置对话框。在"Report Type"栏中选中"Mass-Average"（质量平均）单选按钮，在"Field Variable"下拉列表框中选择"Temperature"选项，在"Cell Zones"下选择"dyraozu"选项。单击"Compute"按钮，计算得出整个低压绕组的平均温度约为 367.11K。

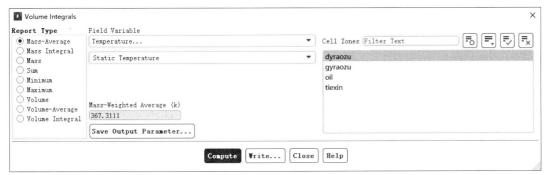

图 3.68　变压器中低压绕组平均温度计算结果

（4）根据以上步骤进行同样的操作，可以计算得出高压绕组的平均温度约为 345.95K，如图 3.69 所示。

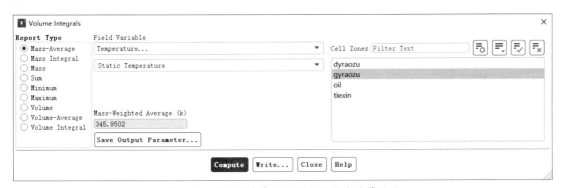

图 3.69　变压器中高压绕组平均温度计算结果

（5）根据以上步骤进行同样的操作，可以计算得出油的平均温度约为 317.14K，如图 3.70 所示。

图 3.70　变压器中油的平均温度计算结果

第 4 章
埋地输油管道周围温度场暂态分析研究

　　埋地输油管道铺设的里程越来越多，埋地输油管道周围的土壤温度场是周围各种影响因素共同作用的结果，如流速、管径等。因此如何运用Fluent软件来进行定性、定量分析，此类问题就显得尤为重要。本章以埋地输油管道周围温度场分析为例，介绍如何对输油管道周围温度场的暂态温度进行仿真计算。

学习目标：

- ◆ 学习如何对暂态温度场的分析处理进行设置
- ◆ 学习如何修改定义材料属性参数
- ◆ 学习如何对计算域内参数进行初始化设置
  　　注意：本章内容涉及瞬态计算、新增材料属性及计算参数初始化计算设置，仿真时需要重点关注。

4.1 案例简介

本案例以埋地输油管道周围温度场分布为研究对象，如图 4.1 所示。其中左侧为输油管道入口，右侧为输油管道出口，管道四周为土壤域，应用 Fluent 2020 软件对埋地输油管道周围温度场分布进行仿真分析。

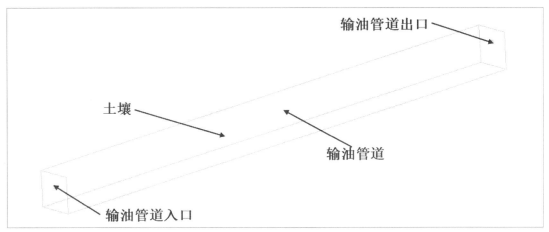

图 4.1　埋地输油管道周围温度场分析几何模型

4.2 软件启动及网格导入

运行 Fluent 软件，并进行网格导入，具体操作步骤如下。

（1）在桌面中双击"Fluent 2020"快捷方式图标，启动 Fluent 2020 软件；或在"开始"菜单中选择"所有程序"→"ANSYS 2020"→"Fluent 2020"命令，进入"Fluent Launcher"界面。

（2）在"Fluent Launcher"界面中的"Dimension"栏中选中"3D"单选按钮，在"Options"栏中选中"Double Precision"和"Display Mesh After Reading"复选框，如图 4.2 所示。单击"Show More Options"，在"General Options"选项卡下的"Working Directory"下拉列表框中选择工作目录后，单击"Start"按钮进入 Fluent 主界面。

（3）在 Fluent 主界面中，选择"File"→"Read"→"Mesh"命令，弹出网格导入的"Select File"对话框，选择"sygd.msh"的网格文件，单击"OK"按钮便可导入网格。

（4）导入网格后，在图形显示区将显示几何模型。

注意：在软件启动之前需设置工作目录，仿真时需要重点关注。

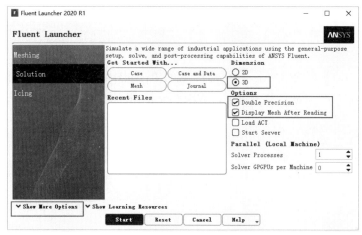

图 4.2　Fluent 软件启动界面

4.3 模型、材料及边界条件设置

4.3.1 总体模型设置

网格导入成功后，进行 General 总体模型设置，具体操作步骤如下。

（1）在工作界面左侧的"Setup"下，双击"General"选项，弹出"General"（总体模型）设置面板，如图 4.3 所示。

（2）在"Mesh"中单击"Scale"按钮，进行网格尺寸大小检查。本案例默认尺寸单位为 m，具体操作如图 4.4 所示。

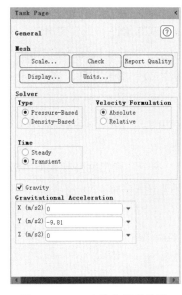

图 4.3　General 总体模型设置

图 4.4　Mesh 网格尺寸大小检查设置

（3）在“Mesh”栏中单击“Check”按钮，进行网格检查，以检查网格划分是否存在问题，如图 4.5 所示。

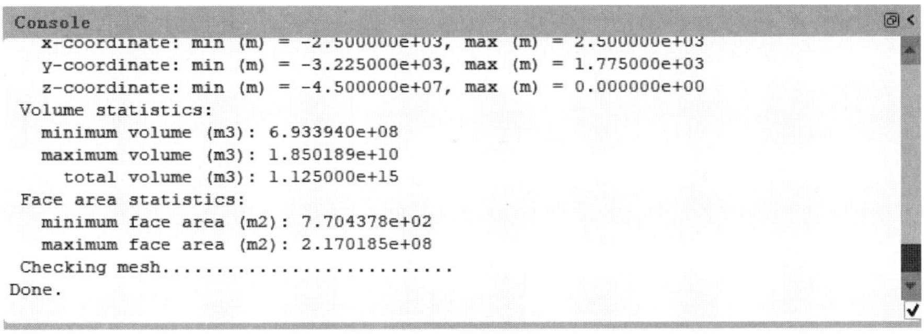

Console
x-coordinate: min (m) = -2.500000e+03, max (m) = 2.500000e+03
y-coordinate: min (m) = -3.225000e+03, max (m) = 1.775000e+03
z-coordinate: min (m) = -4.500000e+07, max (m) = 0.000000e+00
Volume statistics:
minimum volume (m3): 6.933940e+08
maximum volume (m3): 1.850189e+10
total volume (m3): 1.125000e+15
Face area statistics:
minimum face area (m2): 7.704378e+02
maximum face area (m2): 2.170185e+08
Checking mesh............................
Done.

图 4.5　Mesh 网格检查设置

通过“Check”按钮的检查可以知道导入的网格是否可以满足计算要求。

（4）在“Mesh”栏中单击“Report Quality”按钮，以查看网格质量。

（5）在“Solver”栏中，在“Type”下选中“Pressure-Based”单选按钮，即选择基于压力求解；在“Time”下选中“Transient”单选按钮，即进行非稳态计算。

（6）其他选项保持默认，如图 4.3 所示。

（7）在工作界面中选择“Physics”→“Solver”→“Operating Conditions”命令，弹出如图 4.6 所示的“Operating Conditions”（操作压力重力条件）设置对话框。选中“Gravity”复选框，在“Y(m/s2)”文本框中输入“-9.81”（考虑重力方向），其他设置保持默认，单击“OK”按钮确认。

Operating Conditions
Pressure
Operating Pressure (pascal)
101325
Reference Pressure Location
X (m) 0
Y (m) 0
Z (m) 0
Gravity
Gravity
Gravitational Acceleration
X (m/s2) 0
Y (m/s2) -9.81
Z (m/s2) 0
Variable-Density Parameters
Specified Operating Density
OK
Cancel
Help

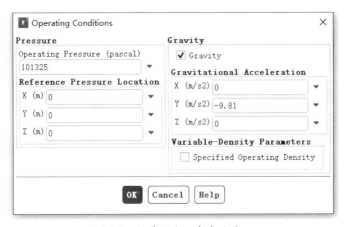

图 4.6　操作压力及密度设置

4.3.2 物理模型设置

在对 General 总体模型进行设置后，接下来对仿真计算物理模型进行设置。通过对埋地输油管道周围温度场分布问题进行综合分析可知，需要设置油流动模型及传热模型。通过计算输油管道入口雷诺数，可以判断管道内部油的流动状态为湍流状态，具体操作步骤如下。

（1）在工作界面左侧的"Setup"下，双击"Models"选项，弹出"Models"（物理模型）设置面板。

（2）在"Models"栏中双击"Energy"选项，打开"Energy"对话框，选中"Energy Equation"（能量方程）复选框，如图4.7所示。

图 4.7　Fluent 中能量方程设置

（3）在"Models"栏中双击"Viscous"选项，打开"Viscous Model"对话框，进行湍流流动模型设置。在"Model"栏中选中"K-epsilon（2 eqn）"单选按钮，在"k-epsilon Model"栏中选中"Standard"，其余参数保持默认，单击"OK"按钮保存设置，如图4.8所示。

图 4.8　湍流模型设置

4.3.3 材料设置

进行 Model 物理模型设置后，下一步进行材料属性设置。Fluent 软件中默认的流体域材料是 air，固体域材料为 aluminum。因此需要新增土壤、油、输油管道保温层等材料，具体操作步骤如下。

（1）在工作界面左侧的"Setup"下双击"Materials"选项，弹出"Materials"（材料属性）设置面板，如图 4.9 所示。

图 4.9　材料属性设置

（2）在"Materials"栏中双击"Fluid"下的"air"选项，打开"Create/Edit Materials"对话框对 air 材料进行设置，如图 4.10 所示。

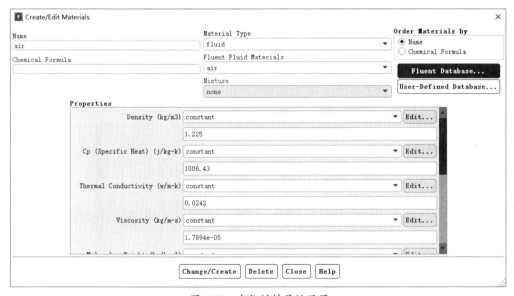

图 4.10　空气材料属性设置

（3）在图 4.10 所示的"Create/Edit Materials"对话框中单击"Fluent Database"按钮，弹出"Fluent Database Materials"对话框，在"Fluent Fluid Materials"下拉列表框中选择"engine-oil"选项，单击"Copy"按钮，实现新增油材料，如图 4.11 所示。

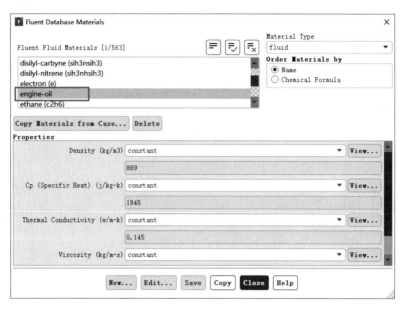

图 4.11　Fluent 中增加油的设置

Fluent 中现有的油的材料属性并不一定会满足仿真计算的要求，可以进行修改。双击刚刚新增的"engine-oil"选项，弹出"Create/Edit Materials"对话框，在"Name"文本框中输入"oil"，在"Chemical Formula"文本框中输入"oil"，将密度值修改为"820"，比热容修改为"2100"，导热系数修改为"0.2"，黏性修改为"0.85"，如图 4.12 所示。单击"Change/Create"按钮，实现修改、新增材料属性的操作。

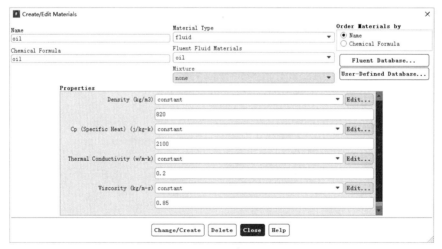

图 4.12　油的物性参数修改设置

（4）在"Materials"栏中双击"Solid"下的"aluminum"选项，打开"Create/Edit Materials"对话框，对 aluminum 材料属性进行设置，如图 4.13 所示。

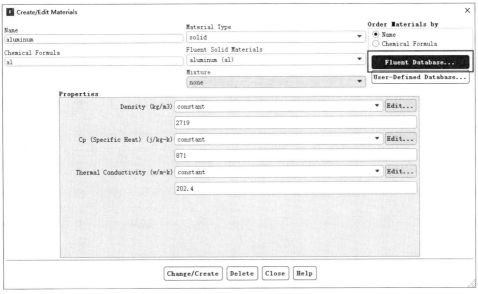

图 4.13　铝材料属性设置

（5）在如图 4.13 所示的对话框中，单击"Fluent Database"按钮，弹出"Fluent Database Materials"对话框，在"Fluent Solid Materials"下拉列表框中选择"steel"选项，单击"Copy"按钮，实现新增铁材料，如图 4.14 所示。

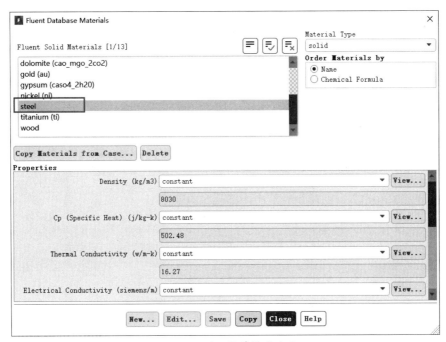

图 4.14　增加铁材料的设置

（6）双击刚刚新增的"steel"选项，弹出"Create/Edit Materials"对话框。在"Name"文本框中输入"bwc"，在"Chemical Formula"文本框中输入"bwc"，将密度值修改为"40"，比热容修改为"1670"，导热系数修改为"0.024"，如图 4.15 所示。单击"Change/Create"按钮，保存设置。

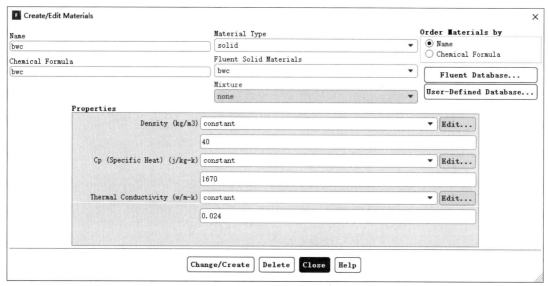

图 4.15　增加保温层材料的设置

（7）双击"aluminum"选项，弹出"Create/Edit Materials"设置对话框。在"Name"文本框中输入"turang"，在"Chemical Formula"文本框中输入"turang"，将密度值修改为"1700"，比热容修改为"1300"，导热系数为"1.512"，如图 4.16 所示。单击"Change/Create"按钮，保存设置。

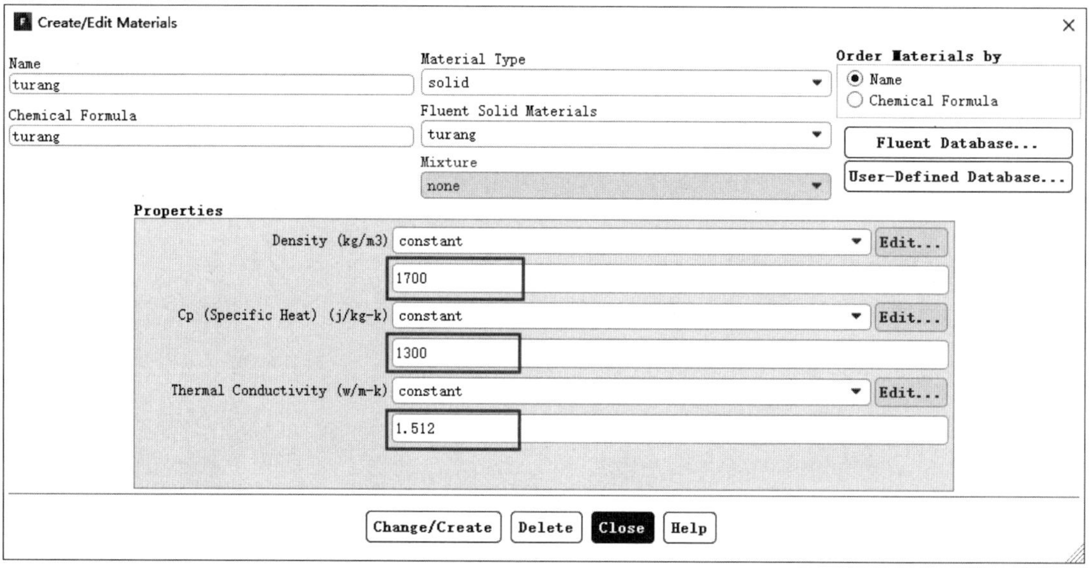

图 4.16　增加土壤层材料的设置

4.3.4　计算域设置

在对材料的属性进行设置后，下一步对计算域内的材料属性进行设置，通过问题分析可知，整个管道内流动的为原油，管道四周为土壤域，具体操作设置步骤如下。

（1）在工作界面左侧的"Setup"下双击"Cell Zone Conditions"选项，弹出"Cell Zone Conditions"对话框对 Fluid（流体域）及 Solid（固体域）进行设置，如图 4.17 所示。

图 4.17　计算区域内材料设置

（2）双击"Zone"下的"guandao"选项，弹出"Fluid"（流体域）设置对话框。在"Material Name"下拉列表框中选择"oil"选项，其余的保持默认设置，如图 4.18 所示，单击"OK"按钮，保存设置。

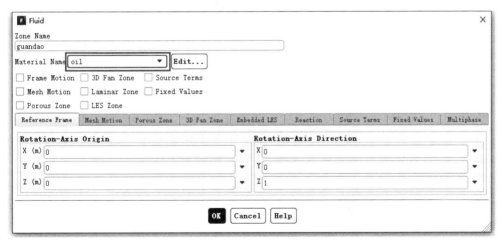

图 4.18　流体域内材料设置

（3）双击"Zone"（固体域）下的"turang"选项，弹出如图 4.19 所示的"Solid"（固体域）设置对话框，在"Material Name"下拉列表框中选择"turang"选项，其余的保持默认设置，单击

"OK"按钮，保存土壤域内材料设置。

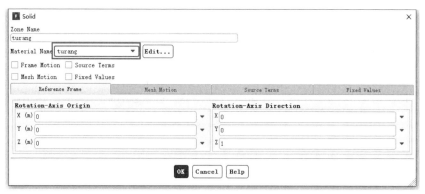

图 4.19　固体域内土壤内材料设置

4.3.5 边界条件设置

计算域内材料设置完成后，下一步进行边界条件设置，下面依次进行设置说明。

（1）在工作界面左侧的"Setup"下双击"Boundary Conditions"选项，弹出"Boundary Conditions"（边界条件）设置面板，如图 4.20 所示。

（2）在图 4.20 中双击"oilin"选项，弹出速度进口 oilin 设置对话框。在"Velocity Specification Method"下拉列表中选择"Magnitude，Normal to Boundary"，在"Velocity Magnitude（m/s）"选项文本框中输入"2"，在"Turbulence"栏中的"Specification Method"下选择"Intensity and Viscosity Ratio"选项，在"Turbulent Intensity"选项文本框中输入 5，在"Turbulent Viscosity Ratio"选项文本框中输入"10"，其余参数保持默认，如图 4.21 所示。单击"OK"按钮保存设置。

图 4.20　Fluent 中边界条件设置

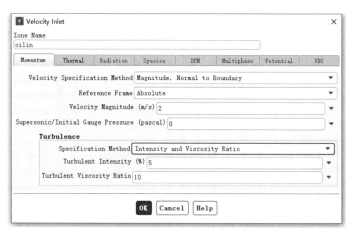

图 4.21　输油管道入口边界速度设置

选择"Thermal"选项卡，在"Temperature"文本框中输入"348.15"，如图 4.22 所示。

图 4.22　输油管道入口边界温度设置

（3）在图 4.20 中双击"oilout"选项，弹出"Outflow"对话框。在"Flow Rate Weighting"选项文本框中输入"1"，单击"OK"按钮进行保存，如图 4.23 所示。

图 4.23　输油管道出口边界设置

（4）在图 4.20 中双击"upwall"选项，弹出"Wall"设置对话框。选择"Thermal"选项卡，在"Thermal Conditions"栏中选中"Convection"单选按钮，在"Material Name"下拉列表框中选择"turang"，在"Heat Transfer Coefficient"选项文本框中输入"16.7"，在"Free Stream Temperature"选项文本框中输入"253.15"，单击"OK"按钮进行保存 ，如 4.24 所示。

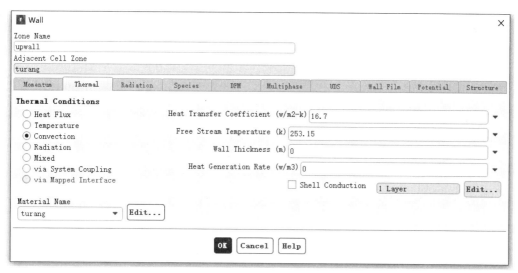

图 4.24　土壤表面换热边界条件设置

（5）在图 4.20 中的"Zone"下双击"backwall"，弹出"Wall"设置对话框。选择"Thermal"选项卡，在"Thermal Conditions"栏中选中"Heat Flux"单选按钮，在"Material Name"下拉列表框中选择"turang"，在"Heat Flux"选项文本框中输入"0"，如图 4.25 所示。

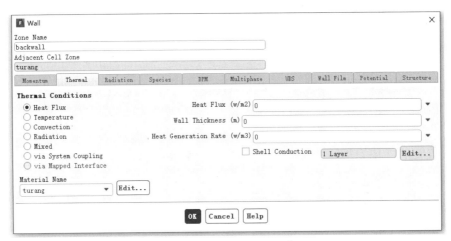

图 4.25　计算域前截面换热边界条件设置

（6）在图 4.20 中的"Zone"下双击"frontwall"，弹出"Wall"设置对话框。选择"Thermal"选项卡，在"Thermal Conditions"栏中选中"Heat Flux"单选按钮，在"Material Name"下拉列表框中选择"turang"，在"Heat Flux"选项文本框中输入"0"。按上述相同的操作步骤，依次设置"leftwall"和"rightwall"，在"Thermal Conditions"处选中"Heat Flux"单选按钮，在"Material Name"处选择"turang"选项，在"Heat Flux"选项文本框中输入"0"。

（7）在图 4.20 中的"Zone"下双击"downwall"，弹出"Wall"设置对话框。选择"Thermal"选项卡，在"Thermal Conditions"栏中选中"Temperature"单选按钮，在"Material Name"下拉列表框中选择"turang"选项，在"Temperature"选项文本框中输入"281.15"，如图 4.26 所示。

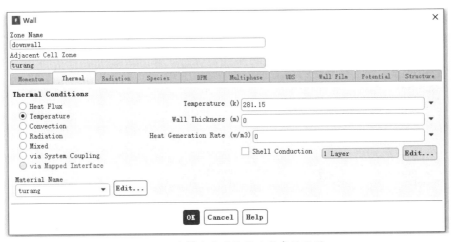

图 4.26　计算域底面换热边界条件设置

（8）在图 4.20 中的"Zone"下双击"wall"（输油管道壁面），弹出"Wall"设置对话框。选择"Thermal"选项卡，在"Thermal Condition"栏中选中"Coupled"单选按钮，在"Material Name"下拉列表框中选择"bwc"选项，在"Wall Thickness"选项文本框中输入"0.01"（代表设置保温层厚度，这么处理可以大幅简化建模及网格划分难度），其余参数设置保持默认，如图 4.27 所示。

图 4.27　输油管道壁面边界条件设置

（9）在图 4.20 中的"Zone"下双击"wall-shadow"（输油管道耦合传热面），弹出"Wall"设置对话框。选择"Thermal"选项卡，在"Material Name"下拉列表框中选择材料"bwc"选项，在"Wall Thickness"选项文本框中输入"0.01"，如图 4.28 所示。

图 4.28　输油管道耦合传热面设置

注意：在 Fluent 中进行输油管道四周温度场分析时，难点就是管道保温层简化处理，可以合理运用 Wall Thickness 进行合理简化，设置时需要格外注意。

4.4 求解设置

4.4.1 求解方法及松弛因子设置

对边界条件设置完之后，下一步对求解方法及松弛因子进行设置，求解方法和松弛因子的设置对结果的计算精度影响很大，设置时需要合理。

（1）在工作界面左侧的"Solution"下双击"Methods"选项，弹出"Solution Methods"（求解方法）设置面板，如图 4.29 所示。

（2）在"Scheme"下拉列表框中选择"SIMPLE"选项，在"Gradient"下拉列表框中选择"Least Squares Cell Based"选项，在"Pressure"下拉列表框中选择"Standard"，动量选择二阶迎风，湍动能及耗散能选择一阶迎风进行离散计算，其余参数按如图 4.29 所示进行设置。

（3）在工作界面左侧的"Solution"下双击"Controls"选项，弹出"Solution Controls"（松弛因子）设置对话框，参数设置如图 4.30 所示。

图 4.29　Fluent 中模型求解方法参数设置

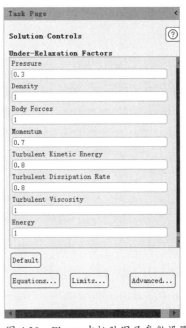

图 4.30　Fluent 中松弛因子参数设置

4.4.2 变量监测设置

对求解方法及松弛因子设置完之后，下一步进行变量输出监测设置。

变量监测设置是为了更好地进行工程问题分析，本文以监测管道内油的平均温度为例，简要说明变量监测的设置方法。

（1）在工作界面左侧的"Solution"下右击"Report Definitions"选项，在弹出的快捷菜单中选择"New"→"Volume Report"→"Volume-Average"命令，如图 4.31 所示。

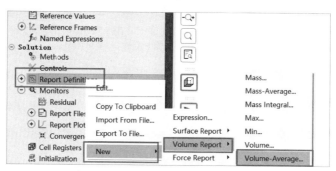

图 4.31　Fluent 中计算域变量监测设置

（2）弹出如图 4.32 所示的设置对话框，在"Report Type"下拉列表框中选择"Volume-Average"选项，在"Field Variable"下拉列表框中选择"Temperature"选项，在"Cell Zones"下选择"guandao"选项，单击"OK"按钮保存设置。

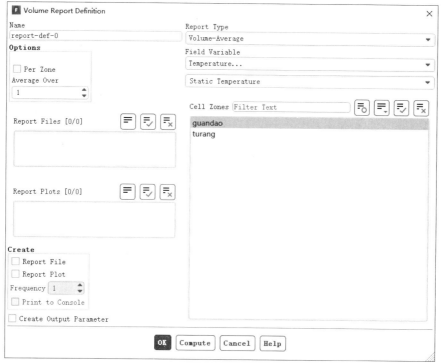

图 4.32　计算域内平均油温监测设置

4.4.3　求解过程监测设置

对求解方法及松弛因子设置完之后，下一步进行求解过程监测设置。

（1）在工作界面左侧的"Solution"下双击"Monitors"下的"Residual"选项，弹出"Residual Monitors"（残差计算曲线）设置对话框。

（2）在"Iterations to Plot"选项文本框中输入"100"，在"Iterations to Store"选项文本框中输入"100"。连续性方程、速度等收敛精度保持默认为"0.001"，能量方程收敛精度默认为"1e-6"，如图 4.33 所示。

（3）单击"OK"按钮，保存计算残差曲线的设置。

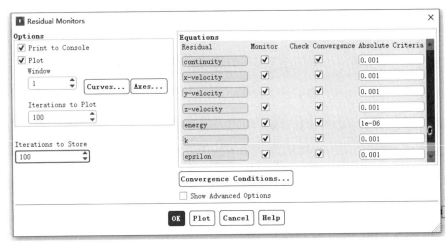

图 4.33　残差计算曲线监测设置

4.4.4　参数初始化设置

求解过程监测设置完之后，下一步进行参数初始化设置。

（1）在工作界面左侧的"Solution"下双击"Initialization"选项，弹出"Solution Initialization"（参数初始化）设置对话框。在"Initialization Methods"栏中，选中"Hybrid Initialization"单选按钮，如图 4.34 所示。

（2）单击"Initialize"按钮，对整个设置进行参数初始化。

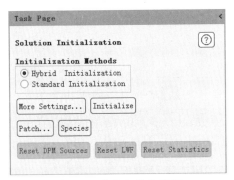

图 4.34　参数初始化设置

（3）在对参数初始化设置之后，要进行计算区域温度的初始化。单击"Patch"按钮，弹出如

图 4.35 所示的"Patch"设置对话框。在"Variable"栏中选择"Temperature"选项，在"Zones to Patch"下选择"turang"选项，在"Value"文本框中输入"283.15"。单击"Patch"按钮，完成 turang 区域的温度设置。

图 4.35　土壤区域内温度初始化设置

（4）在如图 4.36 所示的"Patch"设置对话框中，在"Variable"栏中选择"Temperature"选项，在"Zones to Patch"下选择"guandao"选项，在"Value"文本框中输入"343.15"。单击"Patch"按钮，完成 guandao 区域的温度设置。

图 4.36　管道区域内温度初始化设置

4.4.5 输出保存设置文件

在对参数的初始化设置完成后，要对文件进行保存设置。在工作界面中选择"File"→"Write"→"Case"命令，将设置好的 Case 文件保存在工作目录下，如图 4.37 所示。

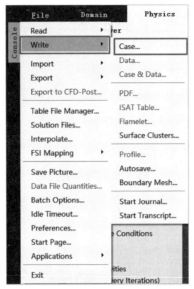

图 4.37　Fluent 中保存输出文件设置

4.4.6　求解计算设置

对参数初始化的文件设置完保存之后，下一步进行求解计算设置。

（1）在工作界面左侧的"Solution"下双击"Run Calculation"选项，弹出如图 4.38 所示的"Run Calculation"（求解计算）设置面板。

图 4.38　Fluent 中求解计算设置

（2）单击"Check Case"按钮，对整个 Case 文件设置过程检查。

（3）考虑整个输油管道长度及输油速度，则在"Time Step Size（s）"选项文本框输入"30"（计算时间步长），在"Number of Times Steps"选项文本框输入"30000"。

（4）单击"Calculate"按钮，进行整个设置的 Case 文件计算。

（5）如果计算过程中需要停止计算，则单击取消即可。

4.5　结果处理及分析

计算完成后，则需要对计算结果进行后处理，下面将介绍如何创建截面，并进行不同时刻温度云图的显示及数据后处理分析等。

4.5.1　创建分析截面

为了更好地进行结果分析，下面将依次创建分析截面 z=8km 及 z=40km，具体操作步骤如下。

（1）在工作界面左侧的"Results"下右击"Surface"选项，在弹出的快捷菜单中选择"New"→"Plane"命令，弹出"Plane Surface"设置对话框。在"Name"文本框中输入"z=8km"，在"Methods"下拉列表框中选择"XY Plane"选项，在"Z（m）"选项文本框中输入"-8000"，创建分析截面 z=8km，如图 4.39 所示。

（2）在工作界面左侧的"Results"下右击"Surface"选项，在弹出的快捷菜单中选择"New"→"Plane"命令，弹出"Plane Surface"设置对话框，在"Name"文本框中输入"z=40km"，在"Methods"下拉列表框中选择"XY Plane"选项，在"Z（m）"选项文本框输入"-40000"，创建分析截面 z=40km，如图 4.40 所示。

图 4.39　创建截面 z=8km 设置

图 4.40　创建截面 z=40km 设置

4.5.2　温度云图分析

对于埋地输油管道周围温度场分析而言，如何对不同时刻、不同截面下的温度分布进行分析非常重要。在分析截面创建完成后，下一步进行分析截面的温度云图显示，具体的操作步骤如下。

（1）因为是非稳态计算，首先分析保存 dat 为 600 计算步长的数据，即为时长 5h 的数据，导入 dat 的设置如图 4.41 所示。

（2）双击工作界面左侧的"Graphics"选项，弹出"Graphics and Animations"（图形和动画）设置对话框，如图 4.42 所示。

图 4.41　导入自动保存 t=2.5h 计算结果文件设置　　　图 4.42　Fluent 中图形和动画结果设置

（3）双击"Graphics"下的"Contours"选项，弹出"Contours"设置对话框。在"Contour Name"文本框中输入"temperature-z-8"，在"Options"栏中分别选中"Filled"和"Node Values"复选框，其他的按照图 4.43 进行设置，在"Contours of"下拉列表框中选择"Temperature"选项，在"Surfaces"下选择"z=8km"选项，单击"Save/Display"按钮，显示如图 4.44 所示的温度云图。

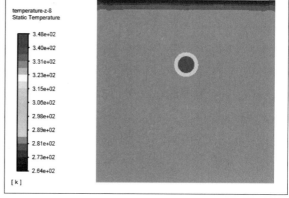

图 4.43　z=8km 截面温度云图显示设置　　　图 4.44　t=5h 时刻下截面 z=8km 的温度云图

（4）双击"Graphics"下的"Contours"选项，弹出"Contours"设置对话框。在"Contours Name"文本框中输入"temperature-z-40"，在"Options"栏中分别选中"Filled"和"Node Values"复选框，在"Contours of"下拉列表框中选择"Temperature"选项，在"Surfaces"下选择"z=40km"选项，单击"Save/Display"按钮，显示如图 4.45 所示的温度云图。

（5）对于非稳态计算，需要分析不同时刻的计算结果数据，在现有 case 设置下，读取 dat 文件时，之前 case 文件中的设置继续保存。继续导入保存时间为 30000.dat 的计算结果，即为 t=250h 时刻的数据，如图 4.46 所示。

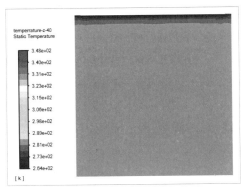

图 4.45　t=5h 时刻下截面 z=40km 的温度云图　　　图 4.46　导入自动保存 t=250h 计算结果的文件

（6）双击"Graphics"下的"Contours"选项，弹出"Contours"设置对话框。在"Contour Name"文本框中输入"temperature-z-8"，在"Options"栏中分别选中"Filled"和"Node Values"复选框，在"Contours of"下拉列表框中选择"Temperature"选项，在"Surfaces"下选择"z=8km"，单击"Save/Display"按钮，显示如图 4.47 所示的温度云图。

（7）双击"Graphics"下的"Contours"选项，弹出"Contours"设置对话框。在"Contour Name"文本框中输入"temperature-z-40"，在"Options"栏中分别选中"Filled"和"Node Values"复选框，在"Contours of"下拉列表框中选择"Temperature"选项，在"Surfaces"下选择"z=40km"，单击"Save/Display"按钮，显示如图 4.48 所示的温度云图。

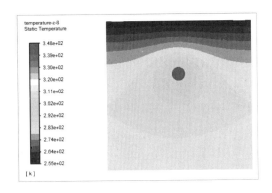

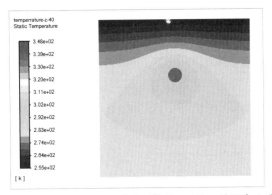

图 4.47　t=250h 时刻下截面 z=8km 的温度云图　　　图 4.48　t=250h 时刻下截面 z=40km 的温度云图

4.5.3　计算结果数据后处理分析

在完成温度云图的定性分析后，如何基于计算结果进行定量分析也非常重要，计算结果数据定量分析的操作步骤如下。

（1）在工作界面左侧的"Results"下双击"Reports"选项，弹出"Reports"设置面板，如图 4.49 所示。

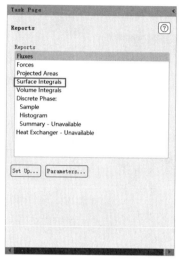

图 4.49　Fluent 中结果计算处理设置

双击"Surface Integrals"选项，弹出如图 4.50 所示的截面计算结果处理设置对话框，在"Report Type"下拉列表框中选择"Area-Weighted Average"（面平均）选项，在"Field Variable"下拉列表框中选择"Temperature"选项，在"Surfaces"下选择"z=40km"选项，单击"Compute"按钮，计算得出 z=40km 截面的平均温度约为 280.22K。

（2）双击工作界面左侧"Results"下的"Reports"选项，弹出"Reports"设置面板，如图 4.51 所示。

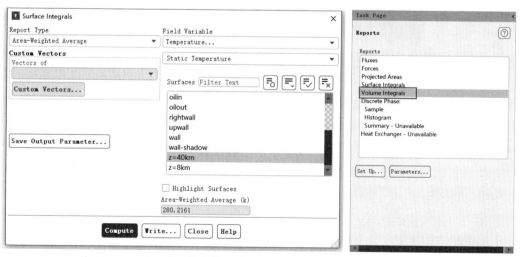

图 4.50　z=40km 截面温度计算结果　　　　图 4.51　结果后处理中体平均计算设置

双击"Volume Integrals"选项，弹出如图 4.52 所示的"Volume Integrals"设置对话框。在"Report Type"栏中选中"Mass- Average"（质量平均）单选按钮，在"Field Variable"下拉列表框

中选择"Temperature"选项，在"Cell Zones"下选择"guandao"，单击"Compute"按钮，计算得出输油管道内油的平均温度约为 342.64K。

图 4.52　输油管道内油的平均温度计算结果

（3）双击工作界面左侧"Results"下的"Fluxes"选项，弹出"Flux Reports"设置对话框。在"Options"栏中选中"Total Heat Transfer Rate"单选按钮，在"Boundaries"下选择"upwall"选项。单击"Compute"按钮，计算得出整个地表面对外散出的热量为 7934307W，如图 4.53 所示。

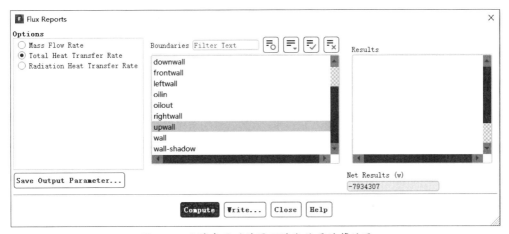

图 4.53　土壤表面对外界环境散热量计算结果

第 5 章
大空间下建筑物内外空气流动特性分析

目前随着人们对生活品质及节能环保的要求越来越高，建筑节能逐步引起人们的关注。因此如何运用 Fluent 软件来进行定性、定量分析此类问题就显得尤为重要。本章以大空间下建筑物内外空气流动情况为例，得到建筑物对整个空气流动流场的影响及建筑物窗户自然通风量的计算及分析。

学习目标：

- 学习如何选取空气流动湍流模型
- 学习如何对大空间下外边界条件进行参数设置
- 学习如何设置监测面及进行数据后处理分析

注意：本章内容涉及空气湍流模型设置及大空间下外边界参数设置等，仿真时需要重点关注。

5.1 案例简介

本节介绍大空间下建筑物内外空气流动特性的分析，即探究当风吹过时，建筑物对整个流场的影响及建筑物自身内部空气流动的情况，如图 5.1 所示。其中，左侧为空气进口，靠近进口侧为建筑物，建筑物设置窗户，最右侧为空气出口，应用 Fluent 2020 软件对大空间内建筑物四周空气流动特性进行分析。

图 5.1　大空间下建筑物四周流场分析几何模型

5.2 软件启动及网格导入

运行 Fluent 软件，并进行网格导入，具体操作步骤如下。

（1）在桌面上双击"Fluent 2020"快捷方式图标，启动 Fluent 2020 软件；或在"开始"菜单中选择"所有程序"→"ANSYS 2020"→"Fluent 2020"命令，进入 Fluent Launcher 界面。

（2）在"Fluent Launcher"界面中的"Dimension"栏中选中"3D"单选按钮，在"Options"栏中分别选中"Double Precision"和"Display Mesh After Reading"复选框。单击"Show More Options"选项，在"General Options"选项卡中的"Working Directory"下选择工作目录后，单击"Start"按钮进入 Fluent 主界面，如图 5.2 所示。

图 5.2　Fluent 软件启动界面及工作目录选取

（3）在 Fluent 主界面中，选择"File"→"Read"→"Mesh"命令，弹出网格导入的"Select File"对话框，选择名称为"kqld.msh"的网格文件，单击"OK"按钮便可导入网格。

（4）导入网格后，在图形显示区将显示几何模型。

注意：本节需要在软件启动之前设置工作目录，仿真时需要重点关注。

5.3 模型、材料及边界条件设置

5.3.1 总体模型设置

网格导入成功后，进行 General 总体模型设置，具体操作步骤如下。

（1）在工作界面左侧的"Setup"下双击"General"选项，弹出"General"（总体模型）设置面板，如图 5.3 所示。

（2）在"Mesh"栏中单击"Scale"按钮，进行网格尺寸检查，如图 5.4 所示。

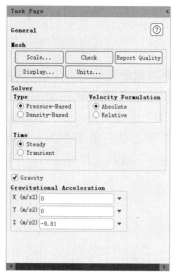

图 5.3　General 总体模型设置

图 5.4　Mesh 网格尺寸大小检查设置

（3）在"Mesh"栏中单击"Check"按钮，进行网格检查，检查网格划分是否存在问题。

（4）在"Mesh"栏中单击"Report Quality"按钮，查看网格质量。

（5）在"Solver"栏中的"Type"下选中"Pressure-Based"单选按钮，即选择基于压力求解；在"Time"下选中"Steady"单选按钮，即进行稳态计算。

（6）其他选项保持默认，如图 5.3 所示。

（7）在工作界面中选择"Physics"→"Solver"→"Operating Conditions"命令，弹出如图 5.5 所

示的"Operating Conditions"（操作压力重力条件）设置对话框。在"Gravity"栏中选中"Gravity"复选框，在"Y（m/s2）"文本框中输入"-9.81"，考虑空气流动过程中重力的影响，其他保持默认设置，单击"OK"按钮确认。

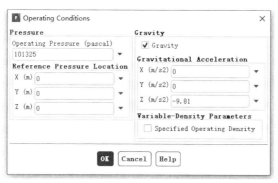

图 5.5　Fluent 中操作压力及重力方向设置

5.3.2　物理模型设置

General 总体模型设置完成后，接下来进行仿真计算物理模型设置。通过对大空间下建筑物四周空气流动问题进行分析可知，仅需要设置空气流动湍流模型，通过计算入口空气雷诺数，可知管道内空气的流动处于湍流状态，具体操作步骤如下。

（1）在工作界面左侧的"Setup"下双击"Models"选项，弹出"Models"（物理模型）设置面板。

（2）在"Models"栏中双击"Viscous"选项，打开"Viscous Model"设置对话框，进行湍流流动模型设置。在"Model"栏中选中"k-epsilon（2 eqn）"单选按钮，在"k-epsilon Model"栏中选中"Realizable"单选按钮，其余参数保持默认，如图 5.6 所示。

（3）单击"OK"按钮，保存对模型的设置。

图 5.6　湍流模型设置

5.3.3 材料设置

Model 物理模型设置完成后，下一步设置材料属性，具体操作步骤如下。

（1）在工作界面左侧的"Setup"下双击"Materials"选项，弹出"Materials"（材料属性）设置面板，如图 5.7 所示。

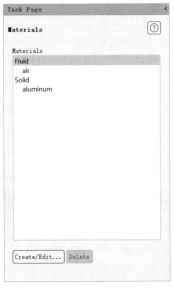

图 5.7　Fluent 中材料属性设置

（2）在"Materials"栏中双击"Fluid"下的"air"选项，打开"Create/Edit Materials"对话框对 air 材料进行设置，如图 5.8 所示。

（3）单击"Change/Create"按钮，其他保持默认设置。

图 5.8　空气材料属性设置

5.3.4　计算域设置

材料属性设置完成后，下一步对计算域内材料进行设置，具体操作步骤如下。

（1）在工作界面左侧的"Setup"下双击"Cell Zone Conditions"选项，弹出"Fluid"（流体域）设置对话框。

（2）在"Materials Name"下拉列表框中选择"air"选项，如图 5.9 所示。其余参数保持默认设置。

（3）单击"OK"按钮，保存计算域内材料设置。

图 5.9　计算区域内材料设置

5.3.5　边界条件设置

对计算域内材料设置完成后，下一步进行边界条件设置，具体设置如下。

（1）在工作界面左侧的"Setup"下双击"Boundary Conditions"选项，弹出"Boundary Conditions"（边界条件）设置面板，如图 5.10 所示。

（2）在图 5.10 中的"Zone"下双击"airin"，弹出速度进口 airin 的设置对话框。在"Velocity Specification Method 下拉列表框中选择"Magnitude, Normal to Boundary"选项，在"Velocity Magnitude"（m/s）选项文本框中输入"2.5"，在"Turbulence"栏中的"Specification Method"下拉列表框中选择"Intensity and Hydraulic Diameter"，在"Turbulent Intensity"选项文本框中输入"10"，在"Hydraulic Diameter"选项文本框中输入"2.2"，此处需要注意水力直径的单位，其余参数保持默认，如图 5.11 所示。

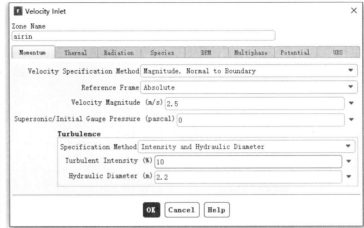

图 5.10　Fluent 中边界条件设置　　　　图 5.11　速度入口 airin 速度值设置

（3）在图 5.10 中的"Zone"下双击"airout"，弹出出口"Outflow"设置对话框。在"Flow Rate Weighting"选项文本框中输入"1"，如图 5.12 所示。单击"OK"按钮保存设置。

图 5.12　出口 out 参数设置

（4）在图 5.10 中的"Zone"下双击"upwall"，弹出壁面"wall"设置对话框。在"Shear Condition"栏中选中"Specified Shear"单选按钮，其余参数按照图 5.13 所示进行设置，单击"OK"按钮保存设置。

图 5.13　壁面 upwall 参数设置

（5）在图 5.10 中的"Zone"下双击"Wall"选项，弹出壁面"Wall"设置对话框。选择"Momentum"选项卡，在"Shear Condition"栏中选中"No Slip"单选按钮，其余参数按照图 5.14 所示进行设置，单击"OK"按钮保存设置。

图 5.14　壁面 wall 参数设置

（6）在"Zone"下单击"wall"，再单击"Copy"按钮，则弹出"Copy Conditions"设置对话框。在"From Boundary Zone"下选择"wall"选项，在"To Boundary Zone"下选择除了"upwall"选项外的全部边界，单击"Copy"按钮，其余参数按照图 5.15 所示进行设置。

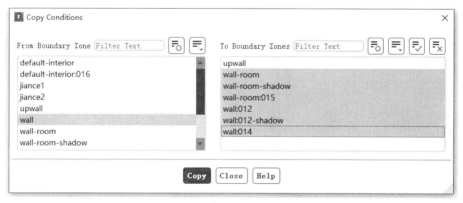

图 5.15　Fluent 中壁面边界条件复制设置

注意：Fluent 中边界条件设置对计算结果影响很大，在设置水力直径数值时，需要特别注意单位是 m 还是 mm 等。

119

5.4 求解设置

5.4.1 求解方法及松弛因子设置

对边界条件设置完之后，下一步对求解方法及松弛因子进行设置，求解方法和松弛因子的设置对结果的计算精度影响很大，设置时需要合理。

（1）在工作界面左侧的"Solution"下双击"Methods"选项，弹出"Solution Methods"（求解方法）设置面板。

（2）在"Scheme"下拉列表框中选择"SIMPLE"选项，在"Gradient"下拉列表框中选择"Least Squares Cell Based"选项，在"Pressure"下拉列表框中选择"Standard"选项，动量、湍动能及耗散能选择二阶迎风进行离散计算，具体设置如图 5.16 所示。

（3）在工作界面左侧的"Solution"下双击"Controls"选项，弹出"Solution Controls"（松弛因子）设置面板，参数设置如图 5.17 所示。

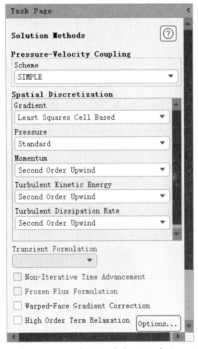

图 5.16　Fluent 中模型求解方法参数设置

图 5.17　Fluent 中松弛因子参数设置

5.4.2 求解过程监测设置

在对求解方法及松弛因子设置完之后，下一步进行求解过程监测设置。

（1）在工作界面左侧的"Solution"下双击"Monitors"下的"Residual"选项，弹出"Residual Monitors"（残差计算曲线）设置对话框。

（2）在"Iterations to Plot"选项文本框中输入"500"，在"Iterations to Store"选项文本框中输入"500"。收敛精度保持默认为0.001，如图5.18所示。

（3）单击"OK"按钮，保存计算残差曲线设置。

图 5.18　残差曲线监测设置

5.4.3 参数初始化设置

对求解过程监测设置完之后，下一步进行参数初始化设置。

（1）在工作界面左侧的"Solution"下双击"Initialization"选项，弹出"Solution Initialization"（参数初始化）设置面板，选中"Hybrid Initialization"单选按钮，如图5.19所示。

（2）单击"Initialize"按钮，对整个设置进行参数初始化。

图 5.19　参数初始化设置

5.4.4 输出保存设置文件

在对参数的初始化设置完之后，要对设置文件进行保存。在工作界面中选择"File"→"Write"→"Case"命令，如图 5.20 所示。然后，将设置好的"Case"文件保存在工作目录下。

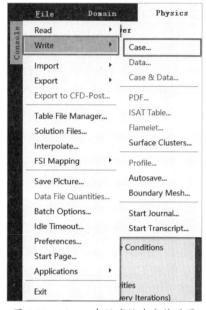

图 5.20　Fluent 中保存输出文件设置

5.4.5 求解计算设置

参数初始化设置及保存设置完成之后，下一步进行求解计算设置。

（1）在工作界面左侧的 Solution 下双击"Run Calculation"（求解计算）选项，弹出如图 5.21 所示的"Run Calculation"设置面板。

（2）单击"Check Case"按钮，对整个 Case 文件的设置进行检查。

（3）在"Number of Iterations"选项文本框中输入"5000"。

（4）单击"Calculate"按钮，对整个设置的 Case 文件进行计算。

（5）如果计算过程中需要停止计算，则单击取消即可。

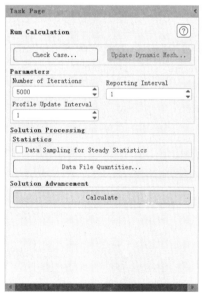

图 5.21　Fluent 中求解计算设置

5.5　结果处理及分析

在求解计算完成之后，则需要对计算结果进行后处理，具体设置如下。

5.5.1　创建分析截面

为了更好地进行结果分析，下面将依次创建分析截面 z=0、z=5 及 z=1.2，具体操作步骤如下。

（1）在工作界面左侧的 "Results" 下右击 "Surface" 选项，在弹出的快捷菜单中选择 "New" → "Plane" 命令，弹出如图 5.22 所示的 "Plane Surface" 设置对话框。

（2）在 "Name" 文本框中输入 "z=0"，在 "Method" 下拉列表框中选择 "XY Plane" 选项，在 "Z（m）" 文本框中输入 "0"，创建分析截面 z=0。

（3）参照步骤（1）中设置截面的步骤，分别设置截面 z=0.5 及截面 z=1.2。

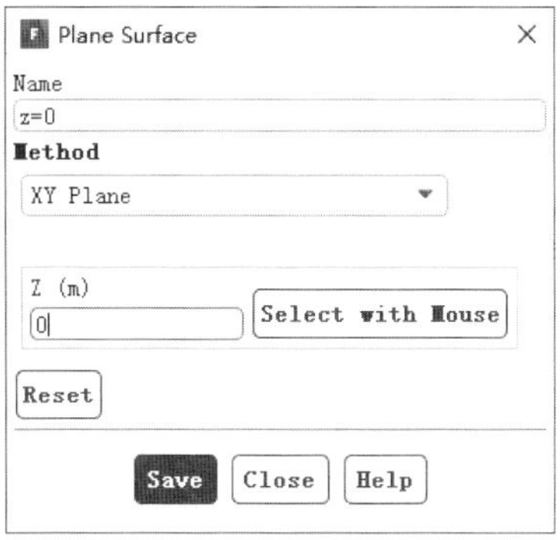

图 5.22　Fluent 中创建截面 z=0 设置

5.5.2　速度分布云图分析

对于大空间下建筑物内外空气流动分析而言，如何对建筑物附近不同高度下的速度流场进行分析非常重要，在分析截面创建完成后，下一步对分析截面的速度云图进行显示，具体的操作步骤如下。

（1）双击工作界面左侧的 "Graphics" 选项，弹出如图 5.23 所示的 "Graphics and Animations"（图形和动画）设置面板。

（2）在 "Graphics" 栏中双击 "Contours" 选项，弹出如图 5.24 所示的 "Contours" 设置对话框。在 "Contour Name" 文本框中输入 "velocity-z-0"，在 "Options" 选栏中分别选中 "Filled" 和 "Node Values" 复选框，在 "Surfaces" 下选择 "z=0" 截面选项，其他的按照图 5.24

图 5.23　Fluent 中图形和动画结果设置

进行设置。在 "Contours of " 下拉列表框中选择 "Velocity" 选项，单击 "Save/Display" 按钮，显示如图 5.25 所示的速度云图。

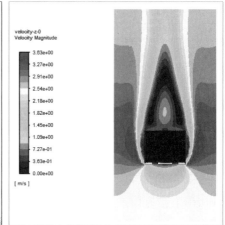

图 5.24　截面 z=0 的速度云图显示设置　　　　图 5.25　截面 z=0 的速度云图

（3）在图 5.23 中双击"Graphics"下的"Contours"选项，弹出"Contours"设置对话框。在"Contour Name"文本框中输入"velocity-z-0.5"，在"Options"栏中分别选中"Filled"和"Node Values"复选框，在"Surfaces"下选择"z=0.5"截面，在"Contours of"下拉列表框中选择"Velocity"，单击"Save/Display"按钮，显示如图 5.26 所示的速度云图。

（4）在图 5.23 中双击"Graphics"下的"Contours"选项，弹出"Contours"设置对话框。在"Contour Name"文本框中输入"velocity-z-1.2"，在"Options"栏中分别选中"Filled"和"Node Values"复选框，在"Surfaces"下选择"z=0.5"截面，在"Contours of"下拉列表框中选择"Velocity"，单击"Save/Display"按钮，显示如图 5.27 所示的速度云图。

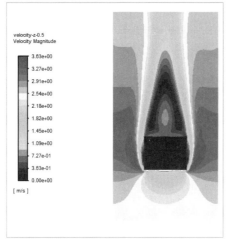

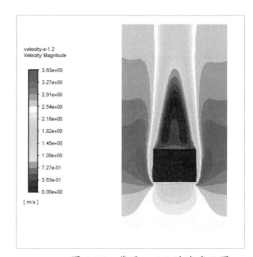

图 5.26　截面 z=0.5 的速度云图　　　　　　图 5.27　截面 z=1.2 的速度云图

5.5.2 速度矢量云图分析

速度矢量分布云图能直观显示出建筑物外风的流动方向。因此如何进行分析截面速度矢量分析就显得尤为重要。在对截面速度云图分析完成后，下一步对截面的速度矢量云图的显示进行分析，具体的操作步骤如下。

（1）在图 5.23 中双击"Graphics"下的"Vectors"选项，弹出如图 5.28 所示的"Vectors"设置对话框。在"Vector Name"文本框中输入"vector-z-0"，在"Vectors of"下拉列表框中选择"Velocity"选项，在"Surfaces"下选择"z=0"，在"Options"栏中分别选中"Global Range"、"Auto Range"和"Auto Scale"复选框，在"Style"下拉列表框中选择"arrow"，在"Scale"文本框中输入"0.1"，在"Skip"选项文本框中输入"100"，单击"Save/Display"按钮，显示如图 5.29 所示的速度矢量图。

"Scale"文本框中的数值可以修改，具体根据显示效果进行调节。同样的，"Skip"处的数值也可以进行修改。

图 5.28　Fluent 中速度矢量图的显示设置

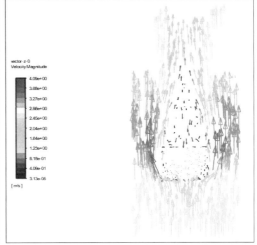

图 5.29　Fluent 中 z=0 的速度矢量图

（2）双击"Graphics"下的"Vectors"选项，弹出"Vectors"设置对话框。在"Vector Name"文本框中输入"vector-z-0.5"，在"Vectors of"下拉列表框中选择"Velocity"，在"Surfaces"下选择"z=0.5"，在"Options"栏中分别选中"Global Range"和"Auto Range"和"Auto Scale"复选框，在"Style"下拉列表框中选择"arrow"，在"Scale"文本框中输入"0.1"，在"Skip"选项文本框中输入"100"，单击"Save/Display"按钮，显示如图 5.30 所示的速度矢量图。

（3）双击"Graphics"下的"Vectors"选项，弹出"Vectors"设置对话框。在"Vector Name"文本框中输入"vector-z-1.2"，在"Vectors of"下拉列表框中选择"Velocity"，在"Surfaces"下选择"z=0.5"，在"Options"栏中分别选中"Global Range"、"Auto Range"和"Auto Scale"复选框，在"Style"下拉列表框中选择"arrow"，在"Scale"文本框中输入"0.1"，在"Skip"选项文本框中输入"100"，单击"Save/Display"按钮，显示如图 5.31 所示的速度矢量图。

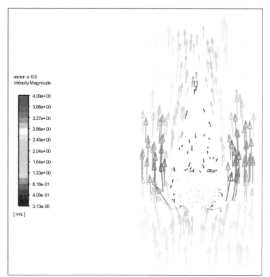

图 5.30　z=0.5 的速度矢量图

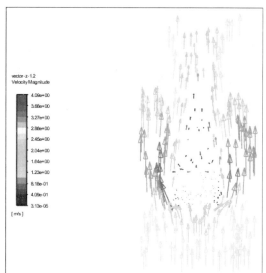

图 5.31　z=1.2 的速度矢量图

第 6 章

大功率电力电子器件散热仿真分析

随着大功率电力电子器件晶闸管、IGBT 等的大规模应用，如何运用 Fluent 软件来对大功率电力电子器件传热特性进行定性、定量分析就显得尤为重要。本章以大功率电子器件在散热器上散热为例，介绍如何对大功率电子器件散热进行等效处理及仿真计算。

学习目标：

♦ **学习如何对大功率器件进行等效发热处理分析**
♦ **学习如何对大功率电力电子器件散热及耦合传热面进行设置**
　　注意：本章内容涉及功率器件散热等效处理及耦合传热面设置，仿真时需要重点关注。

6.1 案例简介

IGBT（绝缘栅双极型晶体管）器件布置在散热器表面上，运行时发出的热量由散热器带走，散热器内部有水在流动，本案例分析 IGBT 器件发热时散热器表面的温度分布。如图 6.1 所示，左侧为散热器的进水口，右侧为散热器的出水口，散热器表面布置 5 块发热功率器件，应用 Fluent 2020 软件进行功率器件散热特性分析。

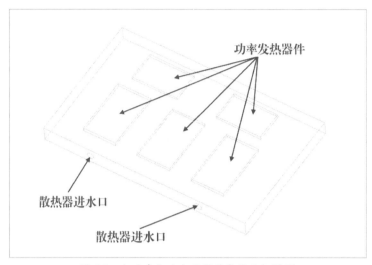

图 6.1　大功率电力电子器件散热几何模型

6.2 软件启动及网格导入

运行 Fluent 软件，并进行网格导入，具体操作步骤如下。

（1）在桌面上双击"Fluent 2020"快捷方式图标，启动 Fluent 2020 软件；或在"开始"菜单下选择"所有程序"→"ANSYS 2020"→"Fluent 2020"命令，进入 Fluent Launcher 界面。

（2）在"Fluent Launcher"界面中的"Dimension"栏中选中"3D"单选按钮，在"Options"栏中分别选中"Double Precision"和"Display Mesh After Reading"复选框。单击"Show More Options"选项，在"General Options"选项卡中的"Working Directory"处设置工作目录，单击"Start"按钮进入 Fluent 主界面，如图 6.2 所示。

（3）在 Fluent 主界面中，选择"File"→"Read"→"Mesh"命令，弹出网格导入的"Select File"对话框，选择名称为"qjsr.msh"的网格文件，单击"OK"按钮便可导入网格。

（4）导入网格后，在图形显示区将显示几何模型。

注意：在软件启动之前需设置工作目录，仿真时需要重点关注。

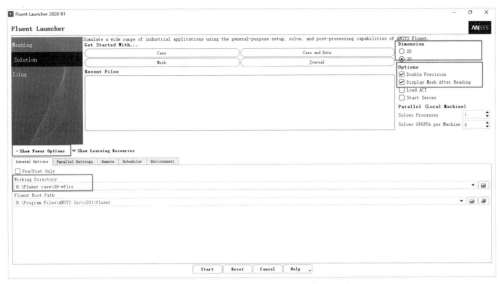

图 6.2　Fluent 软件启动界面及工作目录选取

6.3 模型、材料及边界条件设置

6.3.1 总体模型设置

网格导入成功后，进行 General 总体模型设置，具体操作步骤如下。

（1）在工作界面左侧的"Setup"下双击"General"选项，弹出"General"（总体模型）设置面板，如图 6.3 所示。

（2）单击"Mesh"栏下的"Scale"按钮，进行网格尺寸大小检查。本案例默认尺寸为 mm，具体操作如图 6.4 所示。

（3）单击"Mesh"下的"Check"按钮，进行网格检查，检查网格划分是否存在问题。

（4）单击"Mesh"下的"Report Quality"按钮，查看网格质量。

（5）在"Solver"栏下的"Type"下选中"Pressure-Based"单选按钮，即选择基于压力求解；在"Time"栏下选中"Steady"单选按钮，即进行稳态计算。

（6）其他选项保持默认设置，如图 6.4 所示。

图 6.3　General 总体模型设置

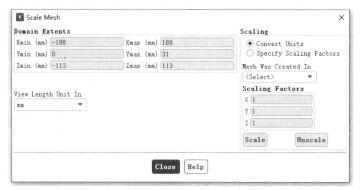

图 6.4　Mesh 网格尺寸大小检查设置

（7）在工作界面中选择"Physics"→"Solver"→"Operating Conditions"命令，弹出如图 6.5 所示的"Operating Conditions"（操作压力重力条件）设置对话框，保持默认设置即可，单击"OK"按钮进行确认。

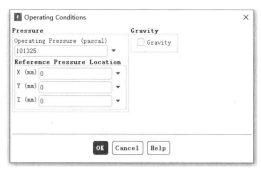

图 6.5　操作压力设置

6.3.2　物理模型设置

General 总体模型设置完成后，要对仿真计算物理模型进行设置。通过对大功率电力电子器件散热问题进行分析可知，需要设置水流动模型及传热模型，通过计算入口处水的雷诺数，可知散热器内水的流动处于湍流状态，具体操作步骤如下。

（1）在工作界面左侧的"Setup"下双击"Models"选项，弹出"Models"（物理模型）设置对话框。

（2）双击"Models"下的"Energy"，打开"Energy"对话框，选中"Energy Equation"复选框，如图 6.6 所示。

（3）双击"Models"下的"Viscous"选项，打开"Viscous Model"设置对话框，进行湍流流动模型设置。在"Models"下选中"K-epsilon（2 eqn）"单选按钮，在"k-epsilon Model"下选中"Standard"单选按钮，其余参数保持默认设置，如图 6.7 所示，单击"OK"按钮保存设置。

图 6.6 Fluent 中能量方程设置   图 6.7 Fluent 中湍流模型设置

6.3.3 材料设置

对 Model 物理模型设置完成后，下一步对材料属性进行设置，具体操作步骤如下。

（1）在工作界面左侧的"Setup"下双击"Materials"选项，弹出"Materials"（材料属性）设置面板，如图 6.8 所示。

（2）在"Materials"栏中双击"Fluid"下的"air"，打开"Create/Edit Materials"对话框，对 air 材料进行设置，如图 6.9 所示。

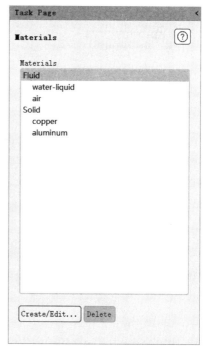

图 6.8 Fluent 中材料属性设置

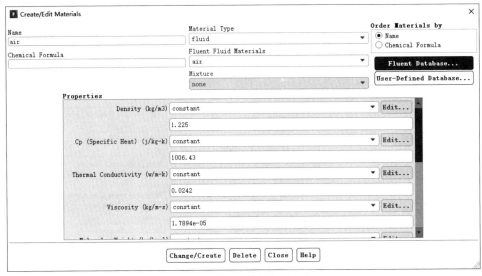

图 6.9   空气材料属性设置

（3）在图 6.9 所示的对话框中单击"Fluent Database"按钮，弹出"Fluent Database Materials"对话框。在"Fluent Fluid Materials"下拉列表框中选择"water-liquid（h20<1>）"选项，单击"Copy"按钮，实现新增液体水材料，如图 6.10 所示。

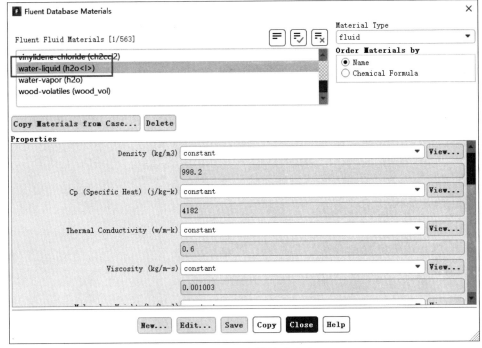

图 6.10   增加水材料的设置

（4）按照步骤（3）同样的操作方法，在固体材料中新增 copper（cu）材料，用以模拟功率器件本体材料，如图 6.11 所示。

图 6.11　增加铜材料的设置

6.3.4　计算域设置

对材料属性进行设置后，下一步进行计算域内材料设置。对于大功率电力电子器件的仿真问题分析，最重要的操作基本上就是计算域的设置，因为不同功率的发热器件，其材料及发热量等均不一样，所以在几何建模及网格划分时，要提前标记区分开，具体操作步骤如下。

（1）在工作界面左侧的"Setup"下双击"Cell Zone Conditions"选项，弹出"Cell Zone Conditions"设置面板，对 Fluid（流体域）及 Solid（固体域）进行设置，如图 6.12 所示。

（2）双击"Fluid"（流体域）下的"wateryu"，弹出如图 6.13 所示的"Fluid"（流体域）设置对话框。在"Material Name"下拉列表中选择"water-liquid"选项，其余参数保持默认，如图 6.13 所示，单击"OK"按钮，保存设置。

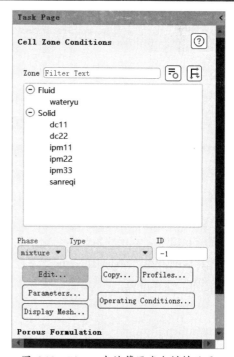

图 6.12　Fluent 中计算区域内材料设置

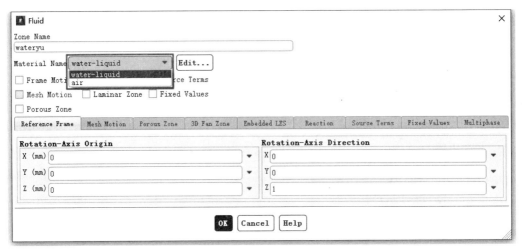

图 6.13　流体域内材料设置

（3）在图 6.12 中，双击"Solid"（固体域）下的"dc11"，弹出如图 6.14 所示的"Solid"（固体域）设置对话框。在"Material Name"下拉列表中选择"copper"选项，其余参数保持默认，单击"OK"按钮，保存设置。

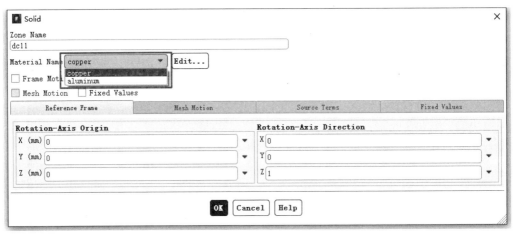

图 6.14　固体域功率器件内材料设置

（4）对 dc22、ipm11、ipm22 及 ipm33 的操作均按照与步骤（3）相同的步骤进行设置，在"Material Name"下拉列表中选择"copper"选项，其余的保持默认，单击"OK"按钮，保存设置。

（5）在图 6.12 中，双击"Solid"（固体域）下的"sanreqi"，弹出如图 6.15 所示的"Solid"（固体域）设置对话框，在"Material Name"下拉列表中选择"aluminum"选项，其余的保持默认，单击"OK"按钮，保存设置。

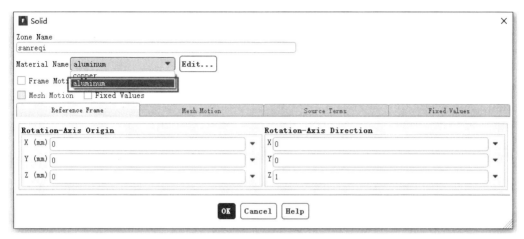

图 6.15　固体域散热器内材料设置

6.3.5 边界条件设置

对计算域内的材料及发热量设置完成后，下一步进行边界条件设置。大功率发热器件发热的等效模拟有两种方式，一种是等效为面热流密度，即发热量通过面热源加载到模型中，另外一种是等效为体发热量，通过增加体热源来实现，本案例通过第一种方案进行等效，具体设置如下。

（1）在工作界面左侧的"Setup"下双击"Boundary Conditions"选项，弹出"Boundary Conditions"（边界条件）设置面板，如图6.16所示。

（2）在图6.16中的"Zone"下找到"waterin"并双击，则弹出速度进口 waterin 的设置对话框。在"Velocity Specification Method"下拉列表框中选择"Magnitude，Normal to Boundary"选项，在"Velocity Magnitude（m/s）"选项文本框中输入"2"，在"Turbulence"栏下的"Specification Method"下拉列表框中选择"Intensity and Hydraulic Diameter"，在"Turbulent Intensity"选项文本框

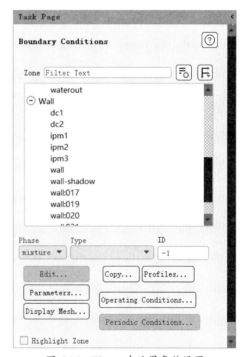

图 6.16　Fluent 中边界条件设置

中输入"5"，在"Hydraulic Diameter"选项文本框中输入"10"，其余参数保持默认设置，如图6.17所示。

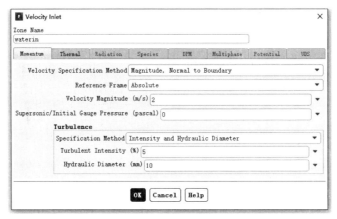

图 6.17　速度入口 waterin 的速度值设置

（3）选择"Thermal"选项卡，在"Temperature"选项文本框中输入"300"，如图 6.18 所示。

图 6.18　速度入口 waterin 的温度值设置

（4）设置出口边界条件，在图 6.16 中的"Zone"下双击"waterout"，弹出压力出口"waterout"设置对话框。在"Gauge Pressure（pascal）"选项文本框中输入"0"，在"Turbulence"栏中的"Specification Method"下选择"Intensity and Hydraulic Diameter"选项，在"Backflow Turbulent Intensity"选项文本框中输入"5"，在"Backflow Hydraulic Diameter"选项文本框中输入"10"，其余参数保持默认设置，如图 6.19 所示。

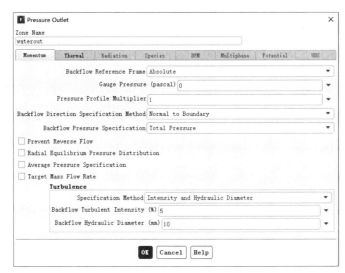

图 6.19　压力出口 waterout 设置

（5）选择"Thermal"选项卡，在"Backflow Total Temperature"文本框中输入"300"，如图 6.20 所示。

图 6.20　压力出口 waterout 的温度值设置

（6）在图 6.16 中，双击"Wall"下的"dc1"，弹出"Wall"设置对话框。选择"Thermal"选项卡，在"Thermal Conditions"栏下选中"Heat Flux"单选按钮，在"Material Name"下拉列表框中选择"copper"选项，在"Heat Flux"选项文本框中输入"18379"，其余参数保持默认，如图 6.21 所示。

图 6.21　发热面 dc1 的设置

（7）在图 6.16 中双击"Wall"下的"dc2"，弹出"Wall"设置对话框。选择"Thermal"选项卡，在"Thermal Conditions"栏下选中"Heat Flux"单选按钮，在"Material Name"下拉列表框中选择"copper"，在"Heat Flux"选项文本框中输入 18379，其余参数保持默认。

（8）在图 6.16 中双击"Wall"下的"ipm1"，弹出"Wall"设置对话框。选择"Thermal"选项卡，在"Thermal Conditions"栏下选中"Heat Flux"单选按钮，在"Material Name"下拉列表框中选择"copper"选项，在"Heat Flux"选项文本框中输入"121743"，其余参数保持默认，如图 6.22 所示。

图 6.22　发热面 ipm11 的设置

（9）在图 6.16 中双击"Wall"下的"ipm2"，弹出"Wall"设置对话框。选择"Thermal"选项卡，在"Thermal Conditions"栏下选中"Heat Flux"单选按钮，在"Material Name"下拉列表中选择"copper"，在"Heat Flux"选项文本框中输入"121743"，其余参数保持默认；按同样的操作对 ipm3 进行设置。

（10）在图 6.16 中双击"Wall"下的"wall-shadow"，弹出"Wall"设置对话框。选择"Thermal"选项卡，在"Thermal Conditions"栏下选中"Coupled"单选按钮，在"Material Name"下拉列表框中选择"aluminum"，因为这个是散热器与水的耦合传热面，所以材料需要设置为aluminum，具体设置参照图 6.23 所示。

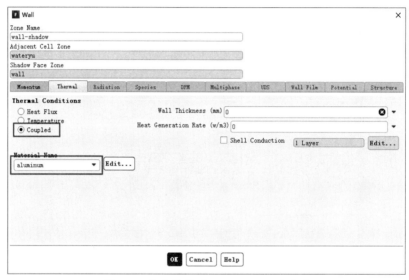

图 6.23　耦合传热面 wall-shadow 的设置

（11）在图 6.16 中双击"Wall"下的"wall：017"，弹出"Wall"设置对话框。选择"Thermal"选项卡，在"Thermal Conditions"栏下选中"Convection"单选按钮，"Material Name"下拉列表框中选择"copper"，在"Heat Transfer Coefficient"选项文本框中输入"5"，在"Free Stream Temperature"选项文本框中输入"300"，代表设备大功率器件四周自然对流散热，如图 6.24 所示。

图 6.24　自然散热面 wall：017 设置

（12）在图 6.16 中右击"wall：017"，在弹出的快捷菜单中选择"Copy"命令，弹出"Copy Conditions"设置对话框。在"From Boundary Zone"下选择"wall:017"，在"To Boundary Zone"处选择"wall:019"、"wall:020"、"wall:021"、"wall:022"和"wall:023"，单击"Copy"按钮，则实现相同边界条件批量化设置。

注意：Fluent 中进行大功率电力电子器件散热分析时，难点就是边界条件很多，设置时需要格外注意。

6.4 求解设置

6.4.1 求解方法及松弛因子设置

对边界条件设置完之后，下一步对求解方法及松弛因子进行设置，求解方法和松弛因子的设置对结果的计算精度影响很大，设置时需要合理。

（1）在工作界面左侧的"Solution"下双击"Methods"选项，弹出"Solution Methods"（求解方法）设置面板，在"Scheme"下拉列表框中选择 SIMPLE 算法，其余按如图 6.25 所示进行选择设置。

（2）在工作界面左侧的"Solution"下双击"Controls"选项，弹出"Solution Controls"（松弛因子）设置面板，参数设置如图 6.26 所示。

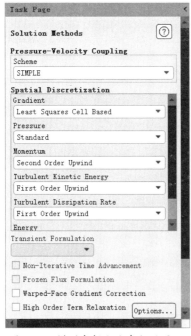

图 6.25　模型求解方法参数设置

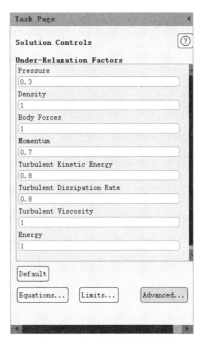

图 6.26　松弛因子参数设置

6.4.2 求解过程监测设置

对求解方法及松弛因子设置完之后，下一步对求解过程进行监测设置。

（1）在工作界面左侧的"Solution"下双击"Monitors"下的"Residual"选项，弹出"Residual Monitors"（残差计算曲线）设置对话框，在"Iterations to Plot"选项文本框中输入"100"，在"Iterations to Store"选项文本框中输入"100"。连续性方程、速度等收敛精度保持默认为"0.001"，能量方程收敛精度默认为"1e-06"，如图6.27所示。

（2）单击"OK"按钮，保存计算残差曲线设置。

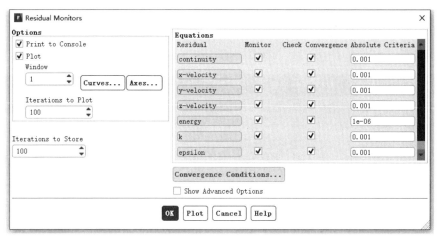

图 6.27　残差曲线监测设置

6.4.3 参数初始化设置

对求解过程监测设置完之后，下一步进行参数初始化设置。

（1）在工作界面左侧的"Solution"下双击"Initialization"选项，弹出"Solution Initialization"（参数初始化）设置面板，在"Initialization Methods"栏下选中"Hybrid Initialization"单选按钮，如图6.28所示。

（2）单击"Initialize"按钮，进行整个设置的参数初始化。

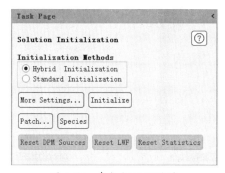

图 6.28　参数初始化设置

6.4.4 输出保存设置文件

对参数进行初始化设置后，下一步对文件进行保存设置。在工作界面中选择"File"→"Write"→"Case"命令，如图 6.29 所示。将设置好的 Case 文件保存在工作目录下。

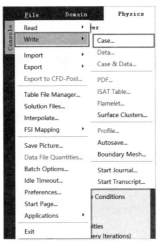

图 6.29　保存输出文件设置

6.4.5 求解计算设置

将文件保存完之后，下一步对求解计算进行设置。

（1）在工作界面左侧的"Solution"下双击"Run Calculation"选项，弹出"Run Calculation"（求解计算）设置面板。首先单击"Check Case"按钮，对整个 Case 文件中的设置过程进行检测，看是否存在相关问题，然后在"Number of Iterations"选项文本框中输入"5000"，如图 6.30 所示。

图 6.30　Fluent 中求解计算设置

（2）单击"Calculate"按钮，进行计算。

（3）如果计算过程中需要停止计算，则单击取消即可。

6.5 结果处理及分析

在计算完成后，则需要对计算结果进行后处理，下面将介绍如何创建截面、温度云图分析等，具体设置如下所示。

6.5.1 创建分析截面

为了更好地进行结果分析，下面将创建分析截面"y=16"，具体操作步骤如下。

（1）在工作界面左侧的"Results"下右击"Surface"，在弹出的快捷菜单中选择"New"→"Plane"命令，弹出如图 6.31 所示的"Plane Surface"对话框。

（2）在"Name"文本框中输入"y=16"，在"Method"下拉列表框中选择"ZX Plane"，在"Y（mm）"文本框输入"16"，创建分析截面"y=16"。

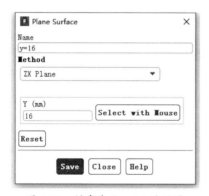

图 6.31　创建截面 y=16 的设置

6.5.2 速度云图分析

散热器内速度场分布直观显示出散热器内部水的流动情况，而水的速度分布又影响着器件的温度分布。因此如何对截面速度进行分析就显得尤为重要。在分析截面创建完成后，下一步进行分析截面的速度云图显示，具体的操作步骤如下。

（1）双击工作界面左侧的"Graphics"，弹出如图 6.32 所示的"Graphics and Animations"（图形和动画）设置对话框。

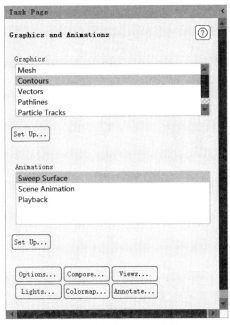

图 6.32　图形和动画结果设置

（2）双击"Graphics"下的"Contours"选项，弹出"Contours"设置对话框。在"Contour Name"文本框中输入"velocity-y-16"，在"Options"栏下分别选中"Filled"和"Node Values"复选框，其他参数按照图 6.33 所示进行设置。

（3）在"Contours of"下拉列表框中选择"Velocity"选项，单击"Save/Display"按钮，显示如图 6.34 所示的速度云图。

图 6.33　截面 y=16 的速度云图显示设置

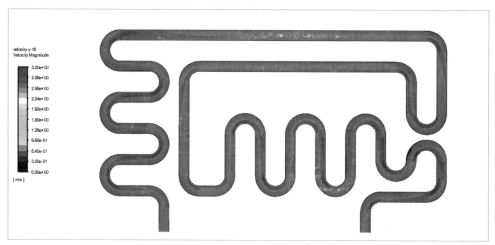

图 6.34　截面 y=16 的流体水速度云图

6.5.3 温度云图分析

温度分析在大功率电力电子器件散热仿真计算中是重中之重，如何基于创建的分析截面进行温度分析并找出热点温度所在，就显得尤为重要。在分析截面创建完成后，下一步对分析截面的温度云图进行显示，具体的操作步骤如下。

（1）双击"Graphics"下的"Contours"选项，弹出"Contours"设置对话框。

（2）在"Contour Name"文本框中输入"temperature"，在"Options"栏下分别选中"Filled"和"Node Values"复选框，其他参数按照图 6.35 所示进行设置。

（3）在"Contours of"下拉列表框中选择"Temperature"选项，在"Surfaces"下分别选择"Wall-shadow""Y=16""ipm1""ipm2""ipm3""dc1""dc2"，单击"Save/Display"按钮，显示如图 6.36 的温度云图。

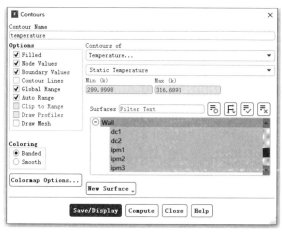

图 6.35　发热面及耦合传热面温度云图显示设置

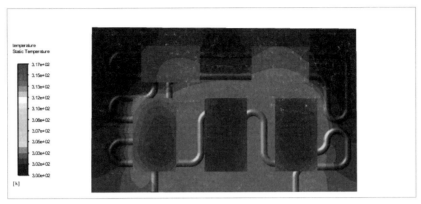

图 6.36 发热面及耦合传热面温度云图

6.5.4 计算结果数据后处理分析

在完成温度云图及速度云图等定性分析后，如何基于计算结果进行定量分析也非常重要，计算结果数据定量分析的操作步骤如下。

（1）在工作界面左侧的"Results"下双击"Reports"选项，弹出如图 6.37 所示的"Reports"设置面板。

（2）在图 6.37 中的"Results"栏中双击"Surface Integrals"选项，弹出如图 6.38 所示的截面计算结果处理设置对话框。在"Report Type"下拉列表框中选择"Area-Weighted Average"（面平均）选项，在"Field Variable"下拉列表框中选择"Temperature"选项，在"Surfaces"下选择"dc1"，单击"Compute"按钮，计算得出发热面 dc1 的平均温度约为 303.89K。

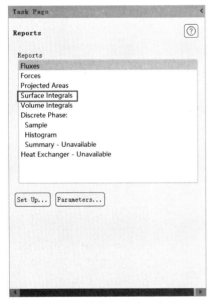

图 6.37 计算结果处理设置

图 6.38 发热面 dc1 温度计算结果

（3）在图6.37中双击"Surface Integrals"选项，弹出如图6.39所示的截面计算结果处理设置对话框。在"Report Type"下拉列表框中选择"Area-Weighted Average"（面平均）选项，在"Field Variable"下拉列表框中选择"Temperature"选项，在"Surface"下选择"waterout"，单击"Compute"按钮，计算得出散热器出口的平均温度约为302.5K。

（4）在工作界面左侧的"Results"下双击"Reports"选项，弹出如图6.40所示的"Reports"设置面板。

图6.39 散热器出口平均温度计算结果   图6.40 结果计算处理设置

（5）在图6.37中双击"Volume Integrals"选项，弹出如图6.41所示的"Volume Integrals"对话框，对流体域、固体域的计算结果进行处理。在"Report Type"栏中选中"Mass-Average"（质量平均）单选按钮，在"Field Variable"下拉列表框中选择"Temperature"选项，在"Cell Zones"下选择"dc11"，单击"Compute"按钮，计算得出整个发热体dc11的平均温度约为303.77K。

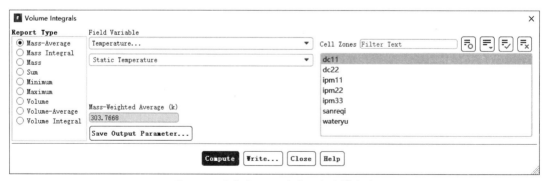

图6.41 功率体dc11平均温度计算结果

第 7 章
煤粉气固两相流流动仿真分析

　　锅炉燃烧过程中，经常会遇到煤粉气力输送、颗粒输送等问题，如何运用 Fluent 中的离散相模型来对此类问题进行定性、定量分析，就显得尤为重要。本章以煤粉颗粒的气力输送过程为例，介绍固体颗粒离散相模型如何进行仿真计算。

学习目标：

◆ 学习如何选取煤粉离散相模型
◆ 学习如何对颗粒相喷射进行设置
　　注意：本章内容涉及瞬态计算及颗粒离散相模型，仿真时需要重点关注。

⑺1 案例简介

本节介绍输气管道内煤粉颗粒在不同时刻下的浓度分布情况，为瞬态计算，如图 7.1 所示。其中右侧为煤粉和空气 A 的进口，靠近进口侧为空气 B 进口，最左侧为出口，对该模型应用 Fluent 2020 软件进行煤粉气固两相流特性分析。

图 7.1　煤粉气固两相流管道几何模型

⑺2 软件启动及网格导入

运行 Fluent 软件，并进行网格导入，具体操作步骤如下。

（1）在桌面上双击"Fluent 2020"快捷方式图标，启动 Fluent 2020 软件；或在"开始"菜单中选择"所有程序"→"ANSYS 2020"→"Fluent 2020"命令进入"Fluent Launcher"界面。

（2）在"Fluent Launcher"界面中的"Dimension"栏中选中"2D"单选按钮，在"Options"栏中分别选中"Double Precision"和"Display Mesh After Reading"复选框。单击"Show More Options"，在"General Options"选项卡下的"Working Directory"处选择工作目录后，单击"OK"按钮进入 Fluent 主界面，如图 7.2 所示。

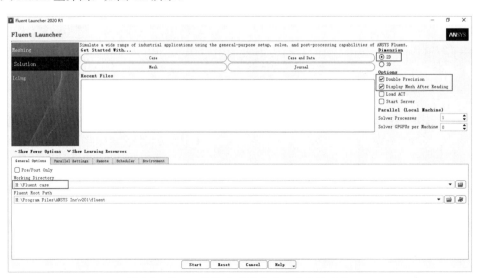

图 7.2　Fluent 软件启动界面及工作目录选取

（3）在 Fluent 主界面中，选择"File"→"Read"→"Mesh"命令，弹出网格导入的"Select File"对话框，选择名称为"qglx.msh"的网格文件，单击"OK"按钮便可导入网格。

（4）导入网格后，在图形显示区将显示几何模型，如图 7.3 所示。

图 7.3　Fluent 中几何模型及网格

注意：本节需要在软件启动之前设置工作目录，仿真时需要重点关注。

7.3　模型、材料及边界条件设置

7.3.1　总体模型设置

网格导入成功后，进行 General 总体模型设置，具体操作步骤如下。

（1）在工作界面左侧的"Setup"下双击"General"选项，弹出"General"（总体模型）设置面板，如图 7.4 所示。

图 7.4　General 总体模型设置

（2）在"Mesh"栏中单击"Scale"按钮，进行网格尺寸大小检查。本案例默认尺寸单位为mm，具体操作如图 7.5 所示。

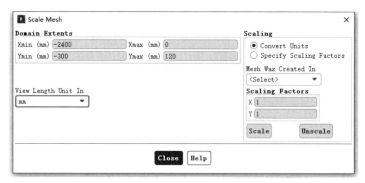

图 7.5　Mesh 网格尺寸大小检查设置

（3）在"Mesh"栏中单击"Check"按钮进行网格检查，检查网格划分是否存在问题。

（4）在"Mesh"栏中单击"Report Quality"按钮，查看网格质量。

（5）在"Solver"栏下的"Type"下选中"Pressure-Based"单选按钮，即选择基于压力求解；在"Time"栏下选中"Transient"单选按钮，即进行暂态计算。

（6）其他选项保持默认设置，如图 7.4 所示。

（7）在工作界面中选择"Physics"→"Solver"→"Operating Conditions"命令，弹出如图 7.6 所示的"Operating Conditions"（操作压力重力条件）设置对话框。选中"Gravity"复选框，在"Y（m/s2）"选项文本框中输入"-9.81"，考虑煤粉流动过程中重力影响，其他保持默认设置，单击"OK"按钮确认。

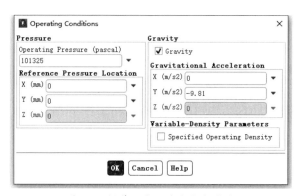

图 7.6　操作压力及重力方向设置

7.3.2 物理模型设置

General 总体模型设置完成后，下一步进行仿真计算物理模型设置。通过对煤粉气固两相流动问题进行分析可知，需要设置空气流动模型及煤粉离散相模型，通过计算入口空气雷诺数，可知管道内空气的流动处于湍流状态，具体操作步骤如下。

（1）在工作界面左侧的"Setup"下双击"Models"选项，弹出"Models"（物理模型）设置面板。

（2）双击"Models"下的"Viscous"选项，打开 Viscous Model 设置对话框，进行湍流流动模型设置。在"Models"栏下选中"k-epsilon（2 eqn）"单选按钮，在"k-epsilon Model"下选中"Realizable"单选按钮，其余参数保持默认，单击"OK"按钮保存设置，如图 7.7 所示。

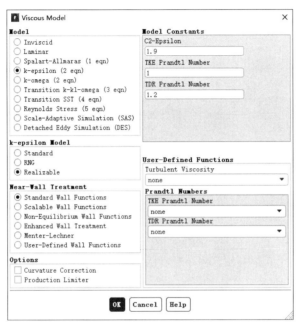

图 7.7　湍流模型设置

（3）双击"Models"下的"Discrete Phase"（离散相模型）选项，打开"Discrete Phase Model"（离散相模型）设置对话框，进行离散相模型设置，参数按照图 7.8 所示进行设置。

图 7.8　离散相模型设置

（4）单击"Injections"按钮，弹出"Injections"设置对话框，如图 7.9 所示。

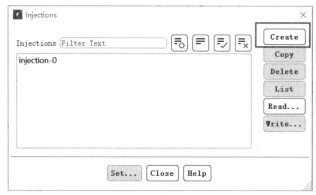

图 7.9　离散相模型喷射设置

　　（5）单击图 7.9 中的"Create"按钮，弹出如图 7.10 所示的"Set Injection Properties"（喷射离散相特性）设置对话框。在"Injection Name"文本框中输入"Injection-coal"，在"Injection Type"下拉列表框中选择"surface"（面射入）选项，在"Release From Surfaces"下选择"airin1"。在"Material"下拉列表框中选择"Coal-mv"选项，在"Diameter Distribution"下拉列表框中选择"uniform"（代表均匀粒径，此处还有其他粒径分布的选取，可以根据实际工程情况进行选择），在"Point Properties"选项卡下可以对定义煤粉颗粒喷入的速度、粒径、喷射时间及喷射量进行设置，具体数值设置参照图 7.10 所示。设置完成后，单击"OK"按钮保存设置。

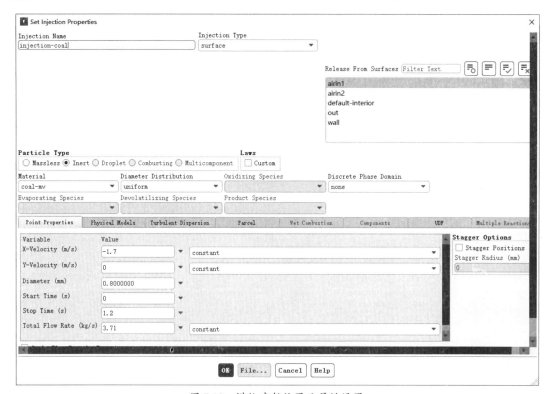

图 7.10　煤粉喷射位置及属性设置

7.3.3 材料设置

Model 物理模型设置完成后，下一步对材料属性进行设置，具体操作步骤如下。

（1）在工作界面左侧的"Setup"下双击"Materials"选项，弹出如图 7.11 所示的"Materials"（材料属性）设置面板。

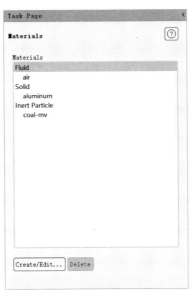

图 7.11　材料属性设置

（2）在"Materials"栏下双击"Fluid"中的"air"，打开"Create/Edit Materials"对话框对"air"材料进行设置，如图 7.12 所示，单击"Change/Create"按钮保存设置。

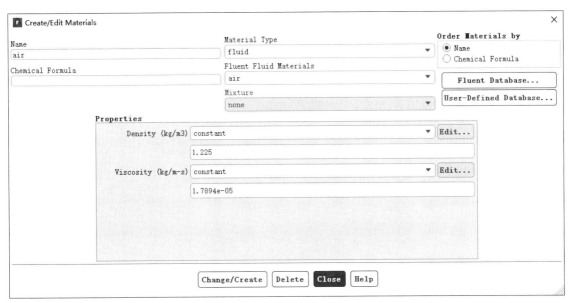

图 7.12　空气材料属性设置

（3）在"Materials"栏下双击"Inert Particle"中的"coal-mv"，打开"Create/Edit Materials"对话框对 coal-mv 材料进行设置，如图 7.13 所示，单击"Change/Create"按钮保存设置。

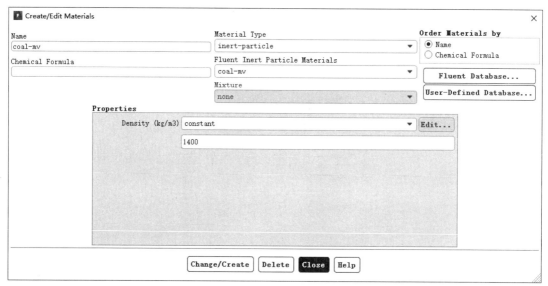

图 7.13　煤粉材料属性设置

7.3.4　计算域设置

对材料属性设置完成后，下一步进行计算域内材料设置，具体操作步骤如下。

（1）在工作界面左侧的"Setup"下双击"Cell Zone Conditions"选项，弹出"Fluid"（流体域）设置对话框。

（2）保持"Material Name"处为"air"不变，如图 7.14 所示。

（3）其余参数保持默认，单击"OK"按钮，保存设置。

图 7.14　计算区域内材料设置

7.3.5　边界条件设置

计算域内材料设置完成后，下一步进行边界条件的设置，具体设置如下。

（1）在工作界面左侧的"Setup"下双击"Boundary Conditions"选项，弹出"Boundary Conditions"（边界条件）设置面板，如图 7.15 所示。

（2）在图 7.15 中的"Zone"下双击"airin1"，弹出速度进口 airin1 的设置对话框。在"Velocity Specification Method"下拉列表框中选择"Magnitude，Normal to Boundary"，在"Velocity Magnitude（m/s）"选项文本框中输入"1.7"，在"Turbulence"栏下的"Specification Method"下选择"Intensity and Hydraulic Diameter"，在"Turbulent Intensity"选项文本框中输入"10"，在"Hydraulic Diameter"选项文本框中输入"50"，其余参数保持默认，如图 7.16 所示。

图 7.15　边界条件设置

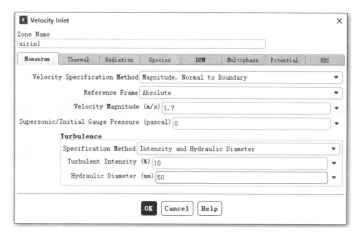

图 7.16　速度入口 airin1 的速度值设置

（3）选择"DPM"选项卡，在"Discrete Phase BC Type"下拉列表框中选择"escape"，如图 7.17 所示。

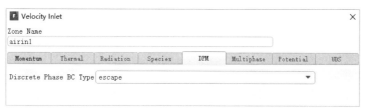

图 7.17　速度入口 airin1 的离散相设置

（4）双击"airin2"，弹出"Velocity Inlet"对话框，对速度进口 airin2 进行设置。在"Velocity Specification Method"下拉列表框中选择"Magnitude，Normal to Boundary"，在"Velocity Magnitude（m/s）"选项文本框中输入"2.33"，在"Turbulence"栏下的"Specification Method"下选择"Intensity and Hydraulic Diameter"，在"Turbulent Intensity"选项文本框中输入"10"，在"Hydraulic Diameter"选项文本框中输入"15"，其余参数保持默认，如图 7.18 所示。

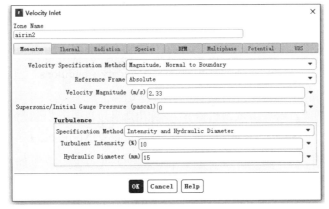

图 7.18　速度入口 airin2 的速度值设置

（5）选择"DPM"选项卡，在"Discrete Phase BC Type"下拉列表框中选择"escape"选项，如图 7.19 所示。

图 7.19　速度入口 airin2 的离散相设置

（6）双击"out"，弹出"Pressure Outlet"对话框，对压力出口 out 进行设置。在"Gauge Pressure（pascal）"选项文本框中输入"0"，在"Turbulence"栏下的"Specification Method"下选择"Intensity and Hydraulic Diameter"，在"Turbulent Intensity"选项文本框中输入"10"，在"Hydraulic Diameter"选项文本框中输入"130"，其余参数保持默认，如图 7.20 所示。

图 7.20　出口 out 设置

注意：Fluent 中边界条件设置对计算结果影响很大，设置离散相模型时，需要明确边界条件处离散相的设置。

7.4　求解设置

7.4.1　求解方法及松弛因子设置

对边界条件设置完之后，下一步对求解方法及松弛因子进行设置。

（1）在工作界面左侧的"Solution"下双击"Methods"选项，弹出"Solution Methods"（求解方法）设置面板，在"Scheme"下选择"SIMPLE"算法，在"Gradient"下拉列表中选择"Least Squares Cell Based"，在"Pressure"下拉列表中选择"Standard"，动量、湍动能及耗散能选择二阶迎风进行离散计算，具体如图 7.21 所示。

（2）在工作界面左侧的"Solution"下双击"Controls"选项，弹出"Solution Controls"（松弛因子）设置面板，参数设置如图 7.22 所示。

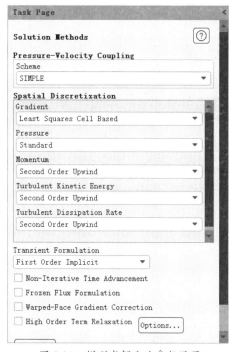

图 7.21　模型求解方法参数设置

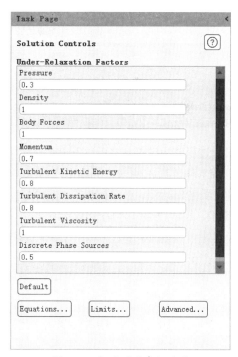

图 7.22　松弛因子参数设置

7.4.2 求解过程监测设置

对求解方法及松弛因子设置完之后，下一步进行求解过程监测设置。

（1）在工作界面左侧的"Solution"下双击"Monitors"下的"Residual"选项，弹出如图7.23所示的"Residual Monitors"（残差计算曲线）设置对话框。

（2）在"Iterations to Plot"选项文本框中输入"10"，"Iterations to Store"选项文本框中输入"10"，收敛精度保持默认为"0.001"。

（3）单击"OK"按钮，保存计算残差曲线设置。

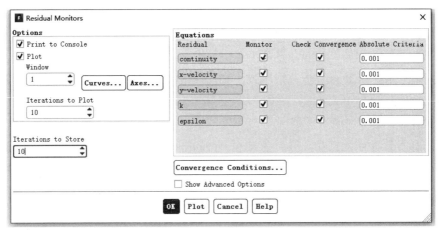

图 7.23　残差曲线监测设置

7.4.3 参数初始化设置

对求解过程监测设置完之后，下一步进行参数初始化设置。

（1）在工作界面左侧的"Solution"下双击"Initialization"，弹出"Solution Initialization"（参数初始化）设置对话框，在"Initialization Methods"栏下选中"Hybrid Initialization"单选按钮，如图7.24所示。

（2）单击"Initialize"按钮，进行整个设置的参数初始化。

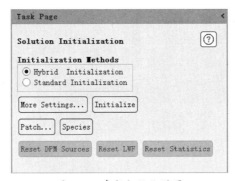

图 7.24　参数初始化设置

7.4.4 输出保存设置文件

在进行初始化设置后，进行设置文件保存。在工作界面中选择"File"→"Write"→"Case"命令，如图 7.25 所示。将设置好的 Case 文件保存在工作目录下。

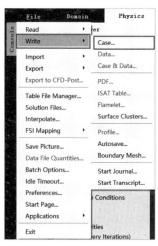

图 7.25　保存输出文件设置

7.4.5 瞬态计算自动保存设置

对于非稳态计算，需要设置多长时间自动保存数据，以便后续结果分析时可以读取某一时刻的数据。在工作界面中选择"File"→"Write"→"Autosave"命令，弹出"Autosave"设置对话框，在"Save Data File Every"选项文本框中输入"20"，选择工作目录及对应的 Case 文件，其他的参数按照图 7.26 所示进行设置。

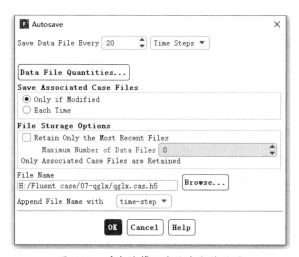

图 7.26　瞬态计算保存输出文件设置

7.4.6 求解计算设置

参数初始化设置及保存设置完之后，下一步对求解计算进行设置。

（1）在工作界面左侧的"Solution"下双击"Run Calculation"选项，弹出"Run Calculation"（求解计算）设置面板，单击"Check Case"按钮，进行 Case 文件的设置检查。在"Number of Time Steps"选项文本框中输入"60"，在"Time Steps Size（s）"选项文本框中输入"0.02"，如图7.27 所示。

（2）单击"Calculate"按钮，进行计算。

（3）如果计算过程中需要停止计算，则单击取消即可。

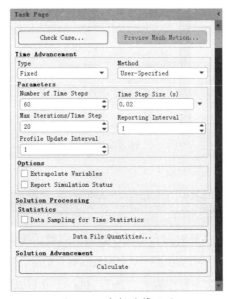

图 7.27　求解计算设置

7.5 结果处理及分析

在计算完成后，则需要对计算结果进行后处理。因为是二维几何模型，因此无需创建截面，直接进行结果分析，具体设置如下。

7.5.1 速度云图分析

截面的速度分布能直观显示出内部空气的流动情况。因此如何进行截面速度分析就显得尤为重要。在分析截面创建完成后，下一步对分析截面的速度云图进行显示，其具体的操作步骤如下。

（1）双击工作界面左侧的"Graphics"选项，弹出如图 7.28 所示的"Graphics and Animations"（图形和动画）设置面板。

（2）双击"Graphics"栏下的"Contours"选项，弹出"Contours"设置对话框。在"Contour Name"文本框中输入"velocity-1.2s"，在"Options"栏下分别选中"Filled"和"Node Values"复选框，其他参数按照图 7.29 所示进行设置。在"Contours of"下拉列表框中选择"Velocity"选项，单击"Save/Display"按钮，显示如图 7.30 所示的速度云图。

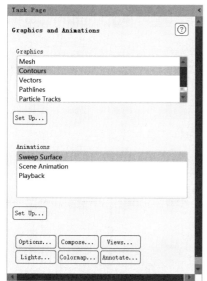

图 7.28　图形和动画结果设置

图 7.29　1.2s 时刻的速度云图显示设置

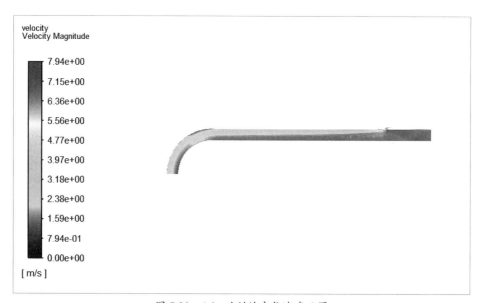

图 7.30　1.2s 时刻的空气速度云图

7.5.2 离散相煤粉浓度云图分析

对于煤粉气固两相流流动而言，分析不同时刻下煤粉的浓度分布非常重要。在截面速度云图分析完成后，下一步分析截面的煤粉浓度云图显示，其具体的操作步骤如下。

（1）在图 7.28 中，双击"Graphics"下的"Contours"选项，弹出"Contours"设置对话框。在"Contour Name"文本框中输入"coal-mv"，在"Options"栏下分别选中"Filled"和"Node Values"复选框，其他参数按照图 7.31 所示进行设置。在"Contours of"下拉列表中选择"Discrete Phase Variables"及"DPM Concentration"选项，单击"Save/Display"按钮，显示如图 7.32 所示的煤粉浓度云图。

图 7.31　煤粉浓度云图显示设置

图 7.32　1.2s 时刻煤粉浓度分布云图

（2）如果需要分析 0.4s 时刻的速度云图，在工作界面中选择"File"→"Read"→"Data"命令，在弹出的"Select File"对话框中选择"qglx-4-00020.dat.h5"文件，则代表读入 0.4s 时刻的计算结果，如图 7.33 所示。

图 7.33 读取不同时刻保持数据的设置

（3）文件读取完成后，双击"Graphics"下的"Contours"选项，弹出"Contours"设置对话框。在"Contour Name"选项文本框中输入"coal-mv-0.4s"，在"Options"栏下分别选中"Filled"和"Node Values"复选框，其他的参数按照图 7.34 进行设置，在"Contours of"下拉列表框中选择"Discrete Phase Variables"及"DPM Concentration"选项，单击"Save/Display"按钮，显示如图 7.35 所示的煤粉浓度云图。

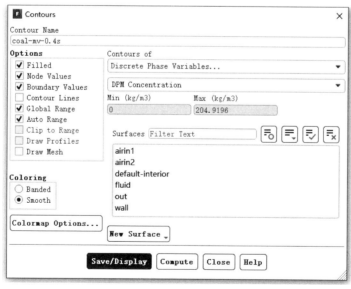

图 7.34 0.4s 时刻煤粉浓度云图显示设置

图 7.35　0.4s 时刻煤粉浓度分布云图

（4）参照上述设置方法，在工作界面中选择 "File" → "Read" → "Data"，在弹出的 "Select File" 对话框中选择 "qglx-4-00040.dat.h5" 选项。读入完成后，双击 "Graphics" 下的 "Contours" 选项，弹出 "Contours" 设置对话框，在 "Contour Name" 文本框中输入 "coal-mv-0.8s"，单击 "Save/Display" 按钮，显示 0.8s 时刻的煤粉浓度云图，如图 7.36 所示。

图 7.36　0.8s 时刻煤粉浓度分布云图

第 8 章
大型往复式燃烧炉炉膛内烟气流动及传热特性分析

　　随着冬季取暖需求的日益增多，单机容量较大的大型往复式燃烧炉的应用越来越广泛。然而目前针对此类锅炉炉膛内部的仿真分析较少。鉴于此，本章通过对大型往复式燃烧炉炉膛内烟气流动及传热特性进行仿真分析，重点分析炉膛内部烟气流动及辐射换热规律，为相关设计人员进行炉膛结构及配风方式优化提供技术支撑。

学习目标：

- 学习如何对炉排分段进风进行简化处理
- 学习如何选取烟气湍流流动模型
- 学习如选取辐射换热模型

　　注意：本章内容涉及湍流流动和辐射换热，仿真时需要重点关注。

8.1 案例简介

本节介绍大型往复式燃烧炉几何模型及边界设置，示意图如图 8.1 所示，底部为速度进口，炉膛出口为压力出口，应用 Fluent 2020 软件进行炉膛内部烟气流动及传热特性分析。

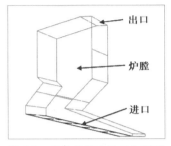

图 8.1 往复式燃烧炉几何模型

8.2 软件启动及网格导入

运行 Fluent 软件，并进行网格导入，具体操作步骤如下。

（1）在桌面中双击"Fluent 2020"快捷方式图标，启动 Fluent 2020 软件；或在"开始"菜单下选择"所有程序"→"ANSYS 2020"→"Fluent 2020"命令进入 Fluent Launcher 界面。

（2）在"Fluent Launcher"界面中的"Dimension"下选中"3D"单选按钮，在"Options"栏下分别选中"Double Precision"和"Display Mesh After Reading"复选框。单击"Show More Options"，在"General Options"选项卡中的"Working Directory"下选择工作目录，如图 8.2 所示。

图 8.2 Fluent 软件启动界面及工作目录选取

（3）在 Fluent 主界面中，选择"File"→"Read"→"Mesh"命令，弹出网格导入的"Select File"

对话框，选择名称为"wflrs.msh"的网格文件，单击"OK"按钮便可导入网格。

（4）导入网格后，在图形显示区将显示几何模型，如图 8.3 所示。

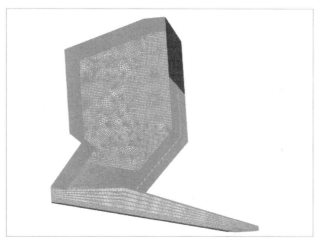

图 8.3　Fluent 中几何模型及网格

注意：本节需要在软件启动之前设置工作目录，工作目录路径下不能有汉字，仿真时需要重点关注。

8.3　模型、材料及边界条件设置

8.3.1　总体模型设置

网格导入成功后，进行 General 总体模型设置，具体操作步骤如下。

（1）在工作界面左侧的"Setup"下双击"General"选项，弹出 General 总体模型设置面板，如图 8.4 所示。

（2）在"Mesh"栏下单击"Check"按钮，进行网格检查，检查网格划分是否存在问题。

（3）在"Mesh"栏下单击"Report Quality"按钮，查看网格质量。

（4）在"Solver"中栏下的"Type"下选中"Pressure‐Based"单选按钮，即选择基于压力求解；在"Time"下选中"Steady"单选按钮，即进行稳态计算。

（5）其他选项保持默认，如图 8.4 所示。

（6）在工作界面中选择"Physics"→"Solver"→"Operating Conditios"命令，弹出如图 8.5 所示的"Operating Conditions"（操作压力重力条件）设置对话框。保持默认设置，单击"OK"按钮进行确认。

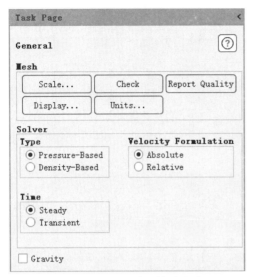

图 8.4 General 总体模型设置

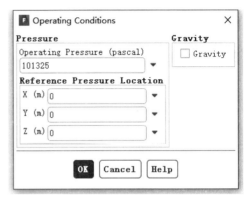

图 8.5 操作压力设置

8.3.2 物理模型设置

General 总体模型设置完成后，下一步进行仿真计算物理模型设置。通过对大型往复式燃烧炉内烟气流动及传热分析可知，需要设置烟气流动模型及辐射换热模型。通过计算炉排入口烟气流速雷诺数，可知炉内烟气流动处于湍流状态，根据炉膛内部烟气辐射光学长度，选择 DO 辐射模型，具体操作步骤如下。

（1）在工作界面左侧的"Setup"下双击"Models"选项，弹出 Models 物理模型设置对话框。

（2）双击"Models"下的"Energy"选项，打开"Energy"对话框。选中"Energy Equation"复选框，如图 8.6 所示。

图 8.6 能量方程设置

（3）双击"Models"下的"Viscous"选项，打开"Viscous Model"设置对话框，进行湍流流动模型设置。在"Models"栏下选中"k-epsilon（2 eqn）"单选按钮，在"k-epsilon Model"下选中"Standard"单选按钮，其余参数保持默认设置，如图 8.7 所示。

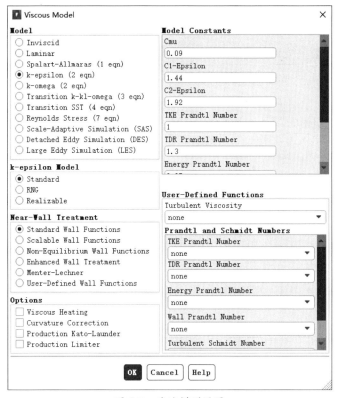

图 8.7　湍流模型设置

（4）双击"Models"下的"Radiation"选项，打开"Radiation Model"设置对话框，进行辐射换热模型设置。在"Model"栏下选中"Discrete Ordinates（DO）"单选按钮，其余参数保持默认设置，如图 8.8 所示。

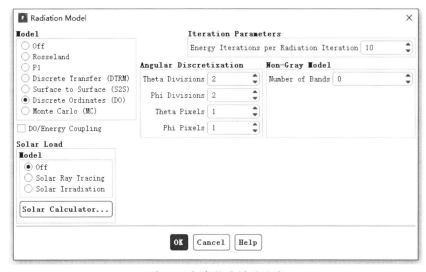

图 8.8　辐射换热模型设置

8.3.3 材料设置

Model 物理模型设置完成后，接下来对材料属性进行设置。通过对大型往复式燃烧炉内烟气流动及传热分析可知，为了使流动及传热特性与实际工程更为接近，则需要设置混合烟气，具体操作步骤如下。

（1）在工作界面左侧的"Setup"下双击"Materials"选项，弹出"Materials"（材料属性）设置面板，如图 8.9 所示。

图 8.9　材料属性设置

（2）在"Materials"栏下双击"Fluid"中的"air"选项，打开"Create/Edit Materials"对话框，对 air 材料进行设置，如图 8.10 所示。

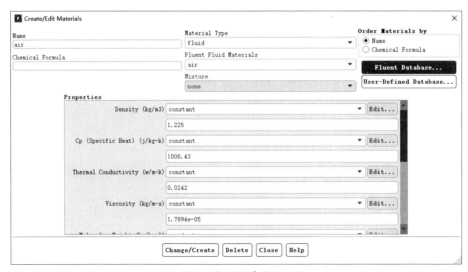

图 8.10　空气材料属性设置

（3）在"Create/Edit Materials"对话框中单击"Fluent Database"按钮，弹出"Fluent Database Materials"对话框，在"Fluent Mixture Materials"下拉列表框中选择"mixture-template"选项，如图 8.11 所示。单击"Copy"按钮，实现新增混合烟气材料。

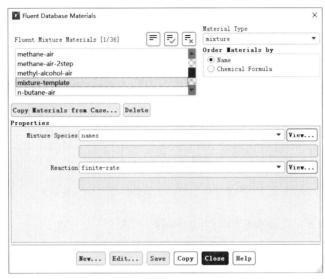

图 8.11　新增混合组分材料设置

（4）使用前面步骤同样的操作，在材料中新增 carbon-dioxide 气体。

（5）在"Materials"栏下双击"mixture-template"选项，弹出"Create/Edit Materials"设置对话框，在"Properties"栏中单击"Mixture Species"右侧的"Edit"按钮，如图 8.12 所示。

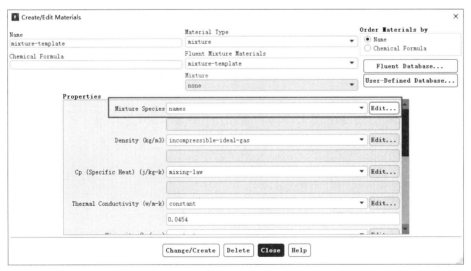

图 8.12　修改混合烟气组分设置

（6）在弹出的"Species"设置对话框中，在"Available Materials"下选择"carbon-dioxide（co2）"，单击"Add"按钮，则将"carbon-dioxide（co2）"气体添加至 mixture-template 中，如图 8.13 所示。

图 8.13　在混合烟气组分中添加二氧化碳气体设置

（7）采用同样的方法，在 Solid 中添加 steel 材料。

注意：Fluent 中默认的流体材料是 air，默认的固体材料是 aluminum，当仿真计算需要新增材料时，则需要在 Fluent 材料数据库中选择新增；如果 Fluent 材料数据库中没有需要新增的材料，则可以在原材料基础上进行材料属性修改进行增加，需重点关注。

8.3.4　计算域设置

材料属性设置完成后，进行计算域内材料设置。计算域内应为混合烟气，具体操作步骤如下。

（1）在工作界面左侧的"Setup"下双击"Cell Zone Conditions"选项，弹出"Fluid"（流体域）设置面板。

（2）单击"Materials Name"右侧的下拉按钮，在下拉列表中选择"mixture-template"选项，如图 8.14 所示。

（3）其余参数保持默认设置，单击"OK"按钮，保存材料的设置。

图 8.14　计算域内材料设置

注意：Fluent 中默认的流体域内材料是 air，默认的固体域内材料是 aluminum，如果变更计算域内材料，需要进行修改，这点需重点关注。

8.3.5 边界条件设置

计算域设置完成后，下一步对边界条件进行设置。边界条件的选取，对于计算结果的准确性影响较大。但如果与实际工程保持一致，又会导致边界条件设置很复杂。因此如何根据实际工程来进行边界条件提取、简化设置，又能保证计算精度满足仿真需求就显得十分重要。

通过对大型往复式燃烧炉内烟气流动及传热分析可知，煤块在炉排上进行燃烧，燃烧后的烟气进入到炉膛内部进行辐射换热。但实际过程中，煤块在炉排上的燃烧过程非常复杂，涉及的化学反应很多，如果要十分贴近，则需要编写 UDF 文件进行自定义设置，但这对于一般工程设计人员来说难度很大。

本案例的目的是分析炉膛内部烟气流动和传热特性，鉴于此，可以将炉排进风进行简化处理，忽略炉排上煤炭的燃烧过程仿真，只是将燃烧产物作为仿真入口边界条件。将炉膛进口分为 5 个速度进口，具体操作步骤如下。

（1）在工作界面左侧的"Setup"下双击"Boundary Conditions"选项，弹出"Boundary Conditions"（边界条件）设置面板，如图 8.15 所示。

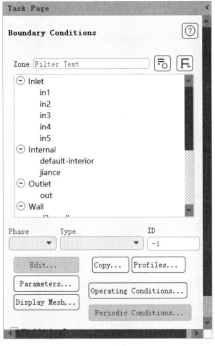

图 8.15 边界条件设置

（2）在图 8.15 中双击"Inlet"下的"in1"选项，弹出"Velocity Inlet"对话框中，对速度进

口 in1 进行设置。在"Velocity Specification Method"下拉列表框中选择"Components"选项，在"Coordinate System"下拉列表框中选择"Cartesian（X，Y，Z）"选项，在"Y-Velocity（m/s）"选项文本框中输入"0.2"，在"Turbulence"栏下的"Specification Method"下选择"Intensity and Hydraulic Diameter"选项，在"Turbulent Intensity"选项文本框中输入"5"，在"Hydraulic Diameter"选项文本框中输入"0.94"，其余参数保持默认设置，如图 8.16 所示。

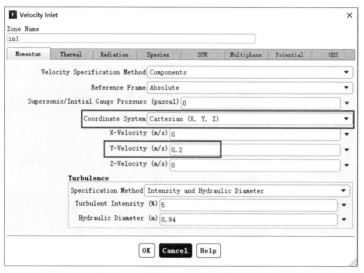

图 8.16　速度入口 in1 的速度值设置

（3）选择"Thermal"选项卡，在"Temperature(k)"选项文本框中输入"1250"，如图 8.17 所示。

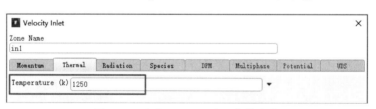

图 8.17　速度入口 in1 的温度值设置

（4）选择"Radiation"选项卡，定义入口面的发射率。在"Internal Emissivity"选项文本框中输入"1"，其余参数保持默认设置，如图 8.18 所示。

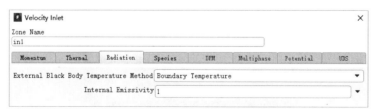

图 8.18　速度入口 in1 的辐射参数设置

（5）选择"Species"选项卡，定义进口处各个组分的质量分数。在"h2o"选项文本框中输入"0.05491"，在"o2"选项文本框中输入"0.06334"，在"n2"选项文本框中输入"0.75632"，如图

8.19 所示。其余剩余的组分默认为"co2"，单击"OK"按钮，保存对速度入口 in1 的设置。

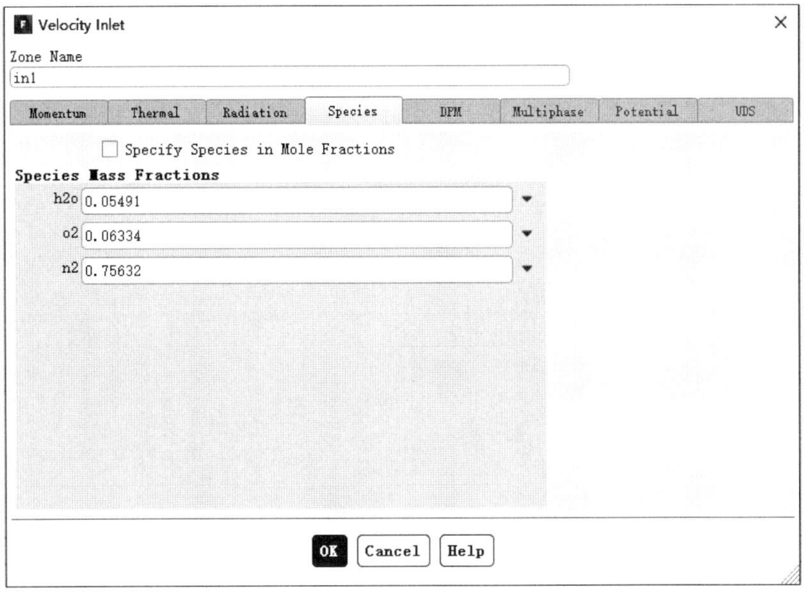

图 8.19　速度入口 in1 烟气组分值设置

（6）参照前面步骤相同的设置方法，对其余 4 个速度入口边界条件进行设置。其设置的速度值、进口温度和组分如表 8.1 所示。

表 8.1　速度入口边界条件设置参数表

边界名称	速度值	温度（K）	辐射系数	组分
in1	0.2	1250	1	H_2O：0.05491 O_2：0.06334 N_2：0.75632
in2	0.5	1450	1	H_2O：0.05491 O_2：0.06334 N_2：0.75632
in3	4	1500	1	H_2O：0.05491 O_2：0.06334 N_2：0.75632
in4	4	1600	1	H_2O：0.05491 O_2：0.06334 N_2：0.75632
in5	1	1450	1	H_2O：0.05491 O_2：0.06334 N_2：0.75632

（7）因为出口有引风机进行吸风，使炉膛内部处于负压状态，设置出口为压力出口。双击"Outlet"下的"out"，弹出"Pressure Outlet"对话框。在"Gauge Pressure（pascal）"选项文本框中输入"-25"，在"Turbulence"栏下的"Specification Method"中选择"Intensity and Hydraulic Diameter"选项，在"Backflow Turbulent Intensity"选项文本框中输入"5"，在"Backflow Hydraulic Diameter"选项文本框中输入"0.94"，其余参数保持默认设置，如图 8.20 所示。

图 8.20　压力出口压力值的设置

（8）选择"Thermal"选项卡，在"Backflow Total Temperature（k）"选项文本框中输入"300"，如图 8.21 所示，单击"OK"按钮，保存对压力出口 out 的设置。

图 8.21　压力出口回流温度值的设置

（9）进行锅炉壁面条件设置，不同位置的锅炉壁面设置考虑的地方也不一样，有绝热壁面，有对流换热壁面，本章对几种典型的壁面设置进行说明。双击"Wall"下的"qiangong"，弹出"Wall"设置对话框。选择"Thermal"选项卡，在"Thermal Conditions"栏下选中"Heat Flux"单选按钮，在"Material Name"下拉列表中选择"steel"，在"Heat Flux"选项文本框中输入"0"，在"Internal Emissivity"选项文本框中输入"0.95"，在"Wall Thickness"选项文本框中输入"0"，其余参数保持默认设置，单击"OK"按钮，保存对壁面 qiangong 的设置，如图 8.22 所示。

图 8.22　前拱绝热壁面的参数设置

（10）双击"Wall"下的"dingbuwall"，弹出如图 8.23 所示的设置对话框。选择"Thermal"选项卡，在"Thermal Conditions"栏下选中"Temperature"单选按钮，在"Material Name"下拉列表框中选择"steel"选项，在"Temperature"选项文本框中输入"373.15"，在"Internal Emissivity"选项文本框中输入"0.9"，在"Wall Thickness"选项文本框中输入"0"，其余参数保持默认设置，单击"OK"按钮，保存对壁面 dingbuwall 的设置。

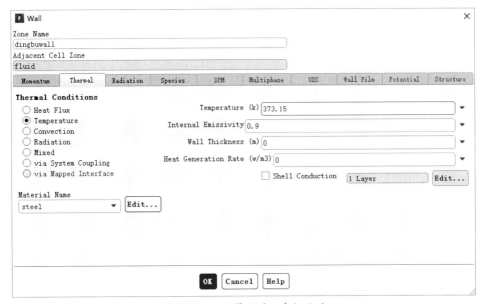

图 8.23　炉顶等温壁面参数设置

（11）参照相同的设置方法，对其余壁面边界条件进行设置，其设置的参数值如表 8.2 所示。

表 8.2　锅炉壁面边界条件设置参数表

边界名称	类型	热流值	温度（K）	发射率	材料
dibuwall	Heat Flux	0	/	0.9	steel
dingbuwall	Temperature	/	373.15	0.9	steel
hougong	Heat Flux	0	/	0.87	steel
liangcewall	Temperature	/	373.15	0.9	steel
qiangong	Heat Flux	0	/	0.95	steel
weiranwall1	Heat Flux	0	/	0.9	steel
weiranwall2	Heat Flux	0	/	0.9	steel
youcewall	Temperature	/	373.15	0.9	steel
zuocewalls	Temperature	/	373.15	0.9	steel
zuocewallx	Temperature	/	373.15	0.9	steel

注意：Fluent 中边界条件设置对计算结果影响很大，边界条件的命名可以依据仿真人员自身需要来进行设置、识别，边界条件较多时，需要区分，设置时不要出现错误。

8.4　求解设置

8.4.1　求解方法及松弛因子设置

对边界条件设置完之后，下一步对求解方法及松弛因子进行设置。

（1）在工作界面左侧的"Solution"下双击"Methods"选项，弹出"Solution Methods"（求解方法）设置面板。在"Scheme"下拉列表框中选择"SIMPLE"算法，在"Gradient"下拉列表框中选择"Least Squares Cell Based"选项，在"Pressure"下拉列表框中选择"Standard"选项，动量、湍动能及耗散能选择一阶迎风进行离散计算，具体如图 8.24 所示。

（2）在工作界面左侧的"Solution"下双击"Controls"选项，弹出"Solution Controls"（松弛因子）设置面板。松弛因子设置得越小，则计算结果越容易收敛，所以在计算结果容易发散时，可以适当将松弛因子数值降低，来使结果收敛。在"Pressure"文本框中输入"0.3"，其余参数按如图 8.25 所示进行设置。

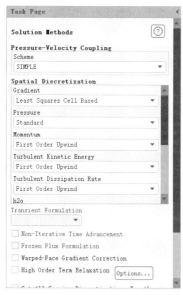

图 8.24　模型求解方法参数设置

图 8.25　松弛因子参数设置

8.4.2　求解过程监测设置

对求解方法及松弛因子设置完之后，下一步进行求解过程监测设置。求解过程监测设置主要是针对一些比较复杂的几何模型、网格数量很多及瞬态求解计算的案例，人为地根据工程分析需求设置一些监测面，以便在求解过程中可以随时看到计算结果数据，判断计算是否满足要求。

本次仿真是炉膛内部烟气流动及传热稳态仿真。因此仅进行最初级的残差曲线的监测。

（1）在工作界面左侧的"Solution"下双击"Monitors"下的"Residual"选项，弹出"Residual Monitors"（残差计算曲线）设置对话框。其中，在"Iterations to Plot"选项文本框中输入"50"，代表每进行 50 次迭代则进行一次数据显示。在"Iterations to Store"选项文本框中输入"500"，代表每进行 500 次计算则保存一次，这个数值可以根据需要进行修改，如图 8.26 所示。

图 8.26　残差曲线监测设置

（2）单击"OK"按钮，保存计算残差曲线的设置。

8.4.3 参数初始化设置

对求解过程监测设置完之后，下一步进行参数初始化的设置。

（1）在工作界面左侧的"Solution"下双击"Initialization"选项。弹出"Solution Initialization"（参数初始化）设置对话框，在"Initialization Methods"下选中"Hybrid Initialization"单选按钮，如图 8.27 所示。

（2）单击"Initialize"按钮，对整个设置进行参数初始化。

图 8.27　参数初始化设置

注意：参数初始化的方式有两种，也可以根据仿真需求来进行更改，笔者建议仿真人员可以通过不同初始化方式对计算结果的影响来加深理解。

8.4.4 输出保存设置文件

在初始化设置完成后，要对设置文件进行保存。在工作界面中选择"File"→"Write"→"Case"命令，如图 8.28 所示。将设置好的 Case 文件保存在工作目录下。

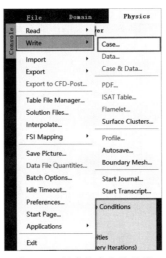

图 8.28　保存输出文件设置

8.4.5　求解计算设置

对参数初始化及保存设置完后，下一步对求解计算进行设置。对于稳态计算而言，计算步数可以设置一个较大值，如果计算过程中，结果收敛，则计算自动停止。

（1）在工作界面左侧的"Solution"下双击"Run Calculation"选项，弹出"Run Calculation"（求解计算）设置对话框。首先单击"Check Case"按钮，进行整个 Case 文件设置的检查，在"Number of Iterations"选项文本框中输入"10000"，如图 8.29 所示。

（2）单击"Calculate"按钮，进行计算。

图 8.29　求解计算设置

8.5　结果处理及分析

在计算完成后，需要对计算结果进行后处理，下面将介绍如何创建截面、云图、流场及壁面温度计算提取等。

8.5.1　选取截面温度云图分析

对于大型往复式燃烧炉炉膛内烟气流动及传热分析而言，内部温度分布是仿真分析的关键。因此本节通过创建分析截面 z=4.9 进行温度云图显示，操作步骤如下。

（1）在工作界面左侧的"Results"下右击"Surface"，在弹出的快捷菜单中选择"New"→"Plane"命令，弹出"Plane Surface"设置对话框。在"New Surface Name"文本框中输入"z=4.9"，在"Method"下拉列表框中选择"XY Plane"，在"Z（m）"文本框中输入"4.9"，创建分析截面 z=4.9，如图 8.30 所示。

（2）双击工作界面左侧的"Graphics"选项，弹出"Graphics and Animations"（图形和动画）设置面板，如图 8.31 所示。

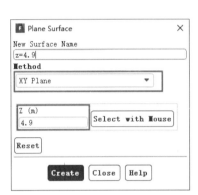

图 8.30 创建结果分析截面设置

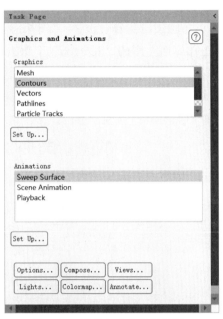

图 8.31 图形和动画结果设置

（3）双击"Graphics"下的"Contours"选项，弹出"Contours"设置对话框。在"Contour Name"文本框中输入"wendu"，在"Options"栏下分别选中"Filled"和"Node Values"复选框，其他按照图 8.32 所示进行选择，在"Contours of"下拉列表框中选择"Temperature"选项，在"Surfaces"下选择"z=4.9"，单击"Save/Display"按钮，显示如图 8.33 所示的温度云图。

图 8.32 选取截面温度云图显示设置

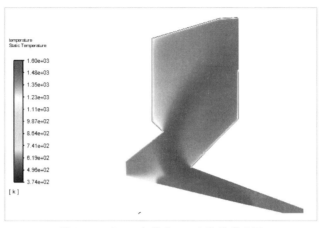

图 8.33　Fluent 中截面 z=4.9 的温度云图

8.5.2 选取截面速度云图分析

对于大型往复式燃烧炉炉膛内烟气流动及传热分析而言，内部速度分布也是仿真分析的关键，因为烟气的流动与烟气在炉膛壁面的传热过程密不可分。速度云图显示的操作步骤如下。

双击"Graphics"下的"Contours"，弹出"Contours"设置对话框。在"Contour Name"文本框中输入"sudu"，在"Options"栏下分别选中"Filled"和"Node Values"复选框，其他的按照图 8.34 所示进行选择设置，在"Contours of"下拉列表框中选择"Velocity"选项，在"Surfaces"下选择"z=4.9"，单击"Save/Display"按钮，显示如图 8.35 所示的速度云图。

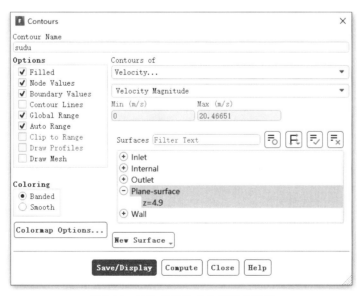

图 8.34　选取截面速度云图显示设置

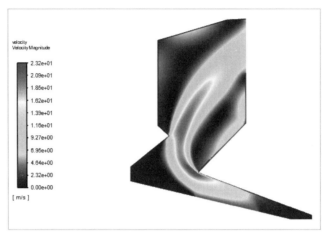

图 8.35　截面 z=4.9 的速度云图分布

8.5.3 选取截面速度矢量图分析

在对截面的温度及速度云图分析完成后，下一步对选取截面的速度矢量云图进行分析，具体操作步骤如下。

（1）双击"Graphics"下的"Vectors"选项，弹出如图 8.36 所示的"Vectors"设置对话框。在"Vector Name"文本框中输入"sudu-vector"，在"Vectors of"下拉列表框中选择"Velocity"选项，在"Surfaces"下选择"z=4.9"。

图 8.36　速度矢量图显示设置

（2）在"Options"栏中分别选中"Global Range""Auto Range""Auto Scale""Draw Mesh"复选框，弹出如图 8.37 所示的"Mesh Display"设置对话框。在"Options"栏中选中"Edges"复选

框，在"Edge Type"栏中选中"Outline"单选按钮，在"Surfaces"下选择如图 8.37 所示的壁面，单击"Display"按钮后保存网格显示设置。

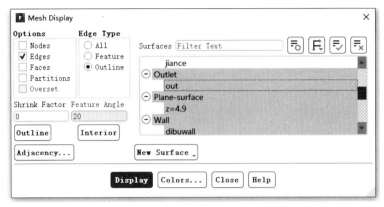

图 8.37　网格显示设置

（3）单击"Save/Display"按钮，显示如图 8.38 所示的速度矢量图。

图 8.38　截面 z=4.9 的速度矢量图

8.5.4　整体炉膛壁面温度云图分析

双击"Graphics"下"Contours"选项，弹出"Contours"设置对话框。在"Contour Name"文本框中输入"ltbw"，在"Options"栏下分别选中"Filled"和"Node Values"复选框，其他的按照图 8.39 所示进行选择，在"Contours of"下拉列表框中选择"Temperature"选项，在"Surfaces"下选择"Wall"，单击"Save/Display"按钮，显示如图 8.40 的温度云图。

图 8.39　炉膛壁面温度云图显示设置

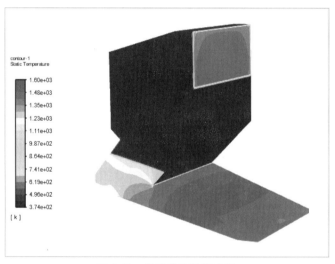

图 8.40　炉膛壁面温度云图

8.5.5　计算结果数据后处理分析

在完成温度云图及速度云图的定性分析后，需要对计算结果数据进行后处理分析。如何基于计算结果进行定量分析也非常重要，计算结果数据定量分析的操作步骤如下。

（1）在工作界面左侧的"Results"下双击"Reports"选项，弹出如图 8.41 所示的"Reports"设置面板。

（2）双击"Surface Integrals"选项，弹出如图 8.42 所示的截面计算结果处理设置对话框。在"Report Type"下拉列表框中选择"Area-Weighted Average"（面平均）选项，在"Field Variable"下拉列表框中选择"Temperature"选项，在"Surfaces"下选择"qiangong"，单击"Compute"按

钮，计算得出前拱的平均温度约为 1223.95K。

图 8.41　Fluent 中计算结果处理设置

图 8.42　前拱平均温度计算结果

（3）在工作界面左侧的"Results"下双击"Reports"选项，弹出如图 8.43 所示的"Reports"设置面板。

图 8.43　Fluent 中结果计算处理设置

（4）在图 8.43 中的"Reports"下双击"Volume Integrals"选项，弹出如图 8.44 所示的流体域

计算结果处理设置对话框。在"Report Type"栏下选中"Mass-Average"（质量平均）单选按钮，在"Field Variable"下拉列表框中选择"Temperature"选项，在"Cell Zones"下选择"fluid"，单击"Compute"按钮，计算得出整个炉膛的平均温度约为 1412.49K。

图 8.44 炉膛平均温度计算结果

第 9 章

河道内污染物流动扩散仿真分析

　　污染物在水源中扩散、城市向河流排放污染物等现象越来越常见。因此如何应用 ANSYS Fluent 软件进行仿真计算，来定性、定量分析此类问题就显得尤为重要。本章以河流中污染物扩散为例，介绍如何对液体污染物扩散进行仿真计算。

学习目标：

- 学习如何对河道内水流动选取湍流流动模型
- 学习如何对液液混合的组分输送扩散模型进行选取

　　注意：本章内容涉及湍流流动和组分输送模型，仿真时需要重点关注。

9.1 案例简介

本节介绍河道内污染物流动扩散的过程，主要是针对河道连续弯道处岸边排污的数值模拟，即在河道内水流动速度一定的条件下，污染物排放后在河道连续弯道内污染物的扩散情况，如图 9.1 所示。其中左侧为河道内水的进口，靠近进口侧为污染物进口，最右侧为出口，应用 Fluent 2020 软件对河道内污染物流动与分布特性进行分析。

图 9.1　河流流道几何模型

9.2 软件启动及网格导入

运行 Fluent 软件，并进行网格导入，具体操作步骤如下。

（1）在桌面中双击"Fluent 2020"快捷方式图标，启动 Fluent 2020 软件；或在"开始"菜单下选择"所有程序"→"ANSYS 2020"→"Fluent 2020"命令，进入 Fluent Launcher 界面。

（2）在"Fluent Launcher"界面中的"Dimension"栏下选中"2D"单选按钮，在"Options"栏下分别选中"Double Precision"和"Display Mesh After Reading"复选框。单击"Show More Options"，在"General Options"选项卡下的"Working Directory"处选择工作目录，如图 9.2 所示。

图 9.2　Fluent 软件启动界面及工作目录选取

（3）在 Fluent 主界面中，选择"File "→"Read"→"Mesh"命令，弹出网格导入的"Select File"对话框，选择名称为"hpks.msh"的网格文件，单击"OK"按钮便可导入网格。

（4）导入网格后，在图形显示区将显示几何模型，如图 9.3 所示。

图 9.3 河道几何模型及网格

注意：本节需要在软件启动之前设置工作目录，工作目录路径下不能有汉字，仿真时需要重点关注。

9.3 模型、材料及边界条件设置

9.3.1 总体模型设置

网格导入成功后，进行 General 总体模型设置，具体操作步骤如下。

（1）在工作界面左侧的"Setup"下双击"General"选项，弹出"General（总体模型）"设置面板，如图 9.4 所示。

（2）在"Mesh"栏下单击"Scale"按钮，弹出如图 9.5 所示的"Scale Mesh"对话框，在"Mesh Was Created In"下拉列表框中选择"mm"，对网格尺寸大小进行调整，具体操作如图 9.4 所示。

（3）在"Mesh"栏下单击"Check"按钮，进行网格检查，检查网格划分是否存在问题。

（4）在"Mesh"栏下单击"Report Quality"按钮，查看网格质量。

（5）在"Solver"栏下选中"Type"下的"Pressure-Based"单选按钮，即选择基于压力求解；在"Time"下选中"Steady"单选按钮，即进行稳态计算。

（6）其他选项保持默认设置，如图 9.4 所示。

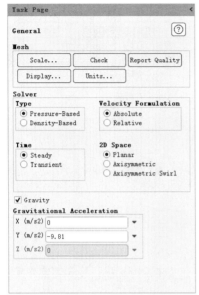

图 9.4　General 总体模型设置

图 9.5　Mesh 网格尺寸大小调整设置

（7）在工作界面中选择"Physics"→"Solver"→"Operating Conditions"命令，弹出如图 9.6 所示的"Operating Conditions"（操作压力重力条件）设置对话框。选中"Gravity"复选框，在"Y（m/s2）"选项文本框中输入"-9.81"，考虑水流动过程中重力影响，其他保持默认设置，单击"OK"按钮确认。

图 9.6　操作压力参数设置

9.3.2 物理模型设置

对 General 总体模型设置完成后，接下来对物理模型设置。通过对河流中污染物扩散问题进行分析可知，需要设置水和污染物流动模型及组分输送扩散模型，通过计算入口处污染物流速的雷诺数，可知河流内污染物及水的流动处于湍流状态，具体操作步骤如下。

（1）在工作界面左侧的"Setup"下双击"Models"选项，弹出"Models"（物理模型）设置对话框。

（2）双击"Models"下的"Energy"选项，打开"Energy"对话框，选中"Energy Equation"复选框，如图 9.7 所示。

（3）双击"Models"下的"Viscous"选项，打开"Viscous Model"设置对话框，对湍流流动模型进行设置。在"Model"下选中"k-epsilon（2 eqn）"单选按钮，在"k-epsilon Model"下选中"Realizable"单选按钮，其余参数保持默认设置，如图 9.8 所示。

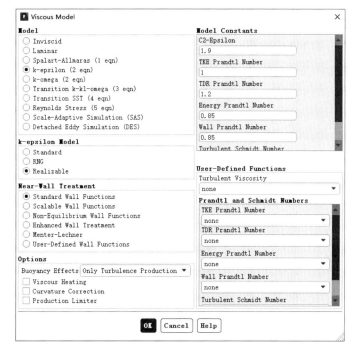

图 9.7　能量方程设置　　　　　　　　　　　图 9.8　湍流模型设置

（4）双击"Models"下的"Species（Species Transport）"选项，打开"Species Model"（组分输送）设置对话框，进行组分输送模型设置。在"Model"栏下选中"Species Transport"单选按钮，在"Options"栏下选中"Inlet Diffusion"复选框，其余参数保持默认设置，如图 9.9 所示。

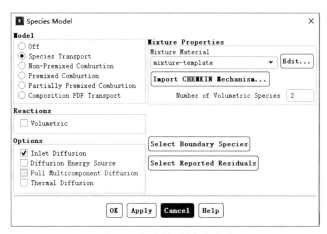

图 9.9　组分输送模型设置

9.3.3 材料设置

对 Model 物理模型设置完成后，下一步进行材料属性的设置。通过对河流中污染物的扩散流动分析可知，需要增加污染物的组分，具体操作步骤如下。

（1）在工作界面左侧的"Setup"下双击"Materials"选项，弹出"Materials"（材料属性）设置面板，如图 9.10 所示。

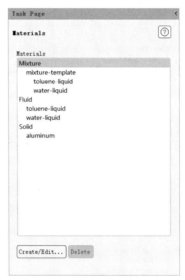

图 9.10　材料属性设置

（2）在"Materials"栏中双击"Fluid"下的"air"选项，打开"Create/Edit Materials"对话框，对"air"材料进行设置，单击"Fluent Database"按钮，如图 9.11 所示。

图 9.11　空气材料属性设置

（3）弹出"Fluent Database Materials"对话框，在"Fluent Fluid Materials"下拉列表框中选择"water-liquid"选项，单击"Copy"按钮，实现新增液体水材料，如图 9.12 所示。

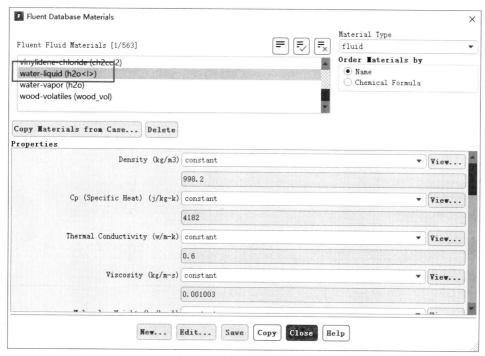

图 9.12　新增水材料的设置

（4）按照上面步骤同样的操作，在材料中新增"C7H8（liquid）"液体，用以模拟甲苯液体。

（5）双击"Materials"下的"mixture-template"选项，弹出"Create/Edit Materials"设置对话框，在"Properties"栏中单击"Mixture Species"右侧的"Edit"按钮，如图 9.13 所示。

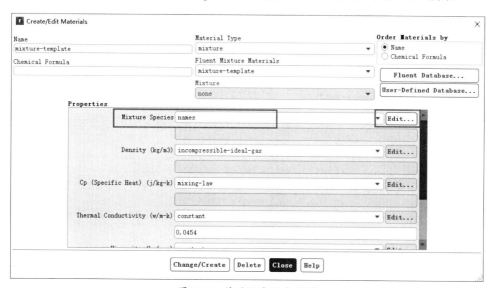

图 9.13　修改混合组分设置

（6）在弹出的"Species"设置对话框中，将 C_7H_8 液体及 H_2O 两种液体添加至 mixture-template 中，如图 9.14 所示。再将之前的其他材料删除，这样就可以实现混合物中只有水和污染物两种物质。

图 9.14　在混合组分中添加甲苯和水设置

9.3.4 计算域设置

对材料属性设置完成后，下一步进行计算域内材料的设置，具体操作步骤如下。

（1）在工作界面左侧的"Setup"下双击"Cell Zone Conditions"选项，弹出"Fluid"（流体域）设置对话框，如图 9.15 所示。

（2）单击"Material Name"右侧的下拉按钮，在下拉列表框中选择"mixture-template"选项。

（3）其余参数保持默认设置，单击"OK"按钮，保存设置。

图 9.15　计算域内材料设置

注意：Fluent 中默认的流体域内材料是 air，如果涉及污染物扩散，基本上都需要进行更改，这点需重点关注。

9.3.5 边界条件设置

计算域内材料设置完成后，下一步进行边界条件的设置。边界条件的选取对计算结果的准确性影响较大。本案例将污染物处理的边界条件设置为速度入口，具体设置如下。

（1）在工作界面左侧的"Setup"下双击"Boundary Conditions"选项，弹出"Boundary Conditions"（边界条件）设置面板，如图 9.16 所示。

（2）在图 9.16 中双击"Zone"下的"waterin"选项，弹出"Velocity Inlet"对话框，对速度进口"waterin"进行设置。选择"Momentum"选项卡，在"Velocity Specification Method"下拉列表框中选择"Magnitude，Normal to Boundary" 选 项； 在"Velocity Magnitude（m/s）"选项文本框输入"3"，在"Turbulence"栏中的"Specification Method"下拉列表框中选择"K and Epsilon"选项，在"Turbulent Kinetic Energy"选项文本框中输入"1"，在"Turbulent Dissipation Rate"选项文本框中输入"1"，其余参数保持默认设置，如图 9.17 所示。

图 9.16　边界条件设置

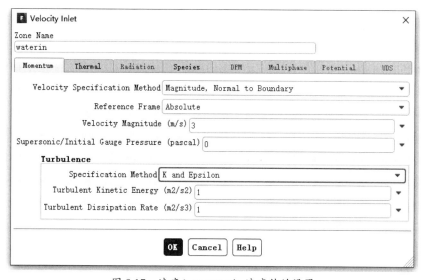

图 9.17　速度入口 waterin 速度值的设置

（3）选择"Thermal"选项卡，在"Temperature(k)"选项文本框中输入"300"，如图 9.18 所示。

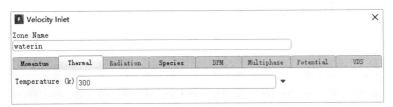

图 9.18　速度入口 waterin 的温度设置

（4）选择"Species"选项卡，定义入口面的组分成分，在"c7h8<1>"选项文本框中输入"0"，如图 9.19 所示。

图 9.19　速度入口 waterin 组分值的设置

（5）参照相同的设置方法，对"wuranwuin"的入口边界条件进行设置，设置的速度值如图 9.20 所示。

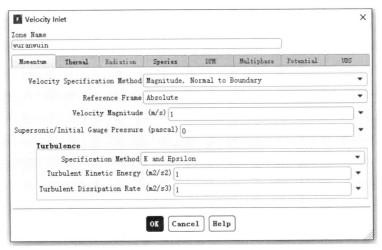

图 9.20　速度入口 wuranwuin 速度值的设置

（6）参照相同的设置方法，对"wuranwuin"的入口边界条件进行设置，设置的组分值如图 9.21 所示。

图 9.21　速度入口 wuranwuin 组分值的设置

（7）设置出口边界条件，采用 Outflow，其设置值如图 9.22 所示。

图 9.22　出口 out 设置

（8）双击"Wall"下的"wall"，弹出河道壁面"Wall"的设置对话框。选择"Thermal"选项卡，在"Thermal Conditions"栏下选中"Heat Flux"单选按钮，在"Material Name"下拉列表框中选择"alumium"，在"Heat Flux"选项文本框中输入"0"，在"Wall Thickness"选项文本框中输入"0"，其余参数按照图 9.23 所示进行设置，单击"OK"按钮，保存对壁面 wall 的设置，如图 9.23 所示。

图 9.23　河道壁面参数设置

注意：Fluent 中边界条件设置对计算结果影响很大，尤其涉及组分输送时，需要明确各个入口污染物含量。

9.4 求解设置

9.4.1 求解方法及松弛因子设置

对边界条件设置完之后，下一步对求解方法及松弛因子进行设置。

（1）在工作界面左侧的"Solution"下双击"Methods"选项，弹出"Solution Methods"（求解方法）设置面板。在"Scheme"下拉列表框中选择"SIMPLE"算法，在"Gradient"下拉列表框中选择"Least Squares Cell Based"选项，在"Pressure"下拉列表框中选择"Standard"选项，动量、湍动能及耗散能选择一阶迎风进行离散计算，具体设置如图 9.24 所示。

（2）在工作界面左侧的"Solution"下双击"Controls"选项，弹出"Solution Controls"（松弛因子）设置面板。在"Pressure"文本框中输入"0.2"，其余参数按照如图 9.25 所示进行设置。

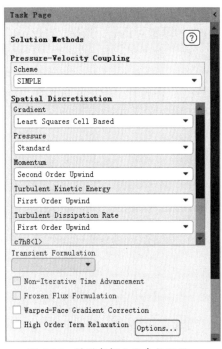

图 9.24　模型求解方法参数设置

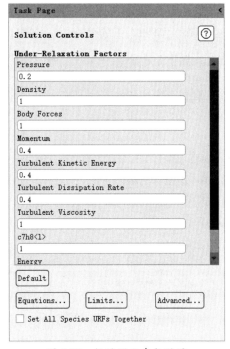

图 9.25　松弛因子参数设置

9.4.2 求解过程监测设置

对求解方法及松弛因子设置完之后，下一步进行求解过程监测设置。

（1）在工作界面左侧的"Solution"下双击"Monitors"下的"Residual"选项，弹出"Residual Monitors"（残差计算曲线）设置对话框。在"Iterations to Plot"选项文本框中输入"1000"，在 "Iterations to Store"选项文本框中输入"1000"，连续性方程、速度等收敛精度保持默认为"0.001"，能量方程收敛精度默认为"1e-06"，如图 9.26 所示。

（2）单击"OK"按钮，保存计算残差曲线设置。

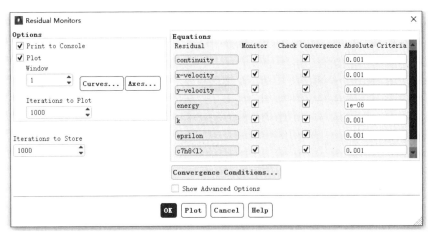

图 9.26 残差曲线监测设置

9.4.3 参数初始化设置

对求解过程监测设置完之后，下一步进行参数初始化设置。

（1）在工作界面左侧的"Solution"下双击"Initialization"选项，弹出"Solution Initialization" （参数初始化）设置面板，在"Initialization Methods"栏下选中"Hybrid Initialization"单选按钮，如图 9.27 所示。

（2）单击"Initialize"按钮，对整个设置进行参数初始化。

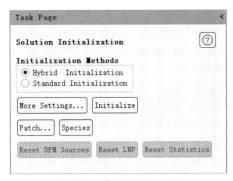

图 9.27 参数初始化设置

（3）单击"Patch"按钮，对整个计算域内初始污染物的含量进行初始化，在计算之初整个计算域内污染物的含量为 0，设置如图 9.28 所示。

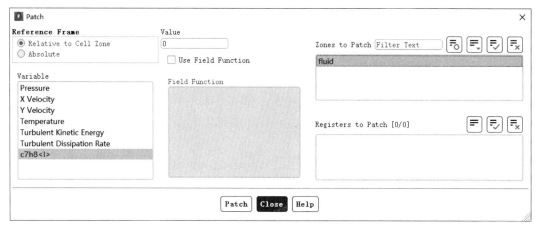

图 9.28　污染物浓度初始化设置

注意：如果涉及组分输送模型的话，在进行初始化后，一般都需要通过"Patch"进行初始的浓度设置。

9.4.4　输出保存设置文件

在工作界面中选择"File"→"Write"→"Case"命令，将设置好的 Case 文件保存在工作目录下，如图 9.29 所示。

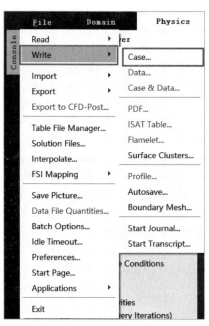

图 9.29　保存输出文件设置

9.4.5　求解计算设置

对参数初始化及保存设置完之后，下一步进行求解计算设置。

（1）在工作界面左侧的"Solution"下双击"Run Calculation"选项，弹出"Run Calculation"（求解计算）设置面板。单击"Check Case"按钮，对整个 Case 文件中的设置过程进行检查。在"Number of Iterations"选项文本框中输入"1000"，如图 9.30 所示。

（2）单击"Calculate"按钮，开始计算。

图 9.30　求解计算设置

9.5　结果处理及分析

在计算完成后，需要对计算结果进行后处理，具体操作过程如下。

9.5.1　速度云图分析

河道内速度场分布直观显示出河道内流体的流动情况。因此如何进行速度分析就显得尤为重要，速度云图显示的具体操作步骤如下。

（1）双击工作界面左侧的"Graphics"选项，弹出"Graphics and Animations"（图形和动画）设置面板，如图 9.31 所示。

（2）双击"Graphics"下的"Contours"选项，弹出"Contours"设置对话框。在"Contour

Name"文本框中输入"velocity"，在"Options"栏下分别选中"Filled"和"Node Values"复选框，其他的按照图 9.32 进行设置，在"Contours of"下拉列表框中选择"Velocity"选项，单击"Save/Display"按钮，显示如图 9.33 的速度云图。

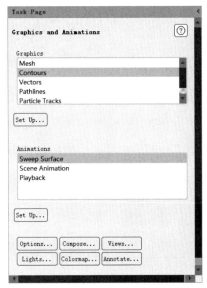

图 9.31　图形和动画结果设置

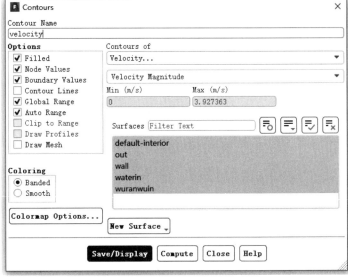

图 9.32　速度云图显示设置

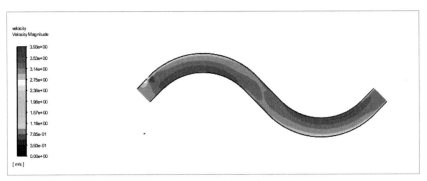

图 9.33　河道内速度分布云图

9.5.2 污染物浓度云图分析

在速度云图分析完成后，下一步进行污染物浓度分布云图显示，其具体的操作步骤如下。

（1）双击"Graphics"下的"Contours"选项，弹出"Contours"设置对话框。在"Contour Name"文本框中输入"species-wrw"，在"Options"栏下分别选中"Filled"和"Node Values"复选框，其他的按照图 9.34 进行设置，在"Contours of"下面选择"Species"及"Mass Fraction of c7h8"选项。

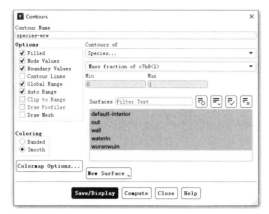

图 9.34　河道内污染物浓度云图显示设置

（2）在图 9.34 中单击"Save/Display"按钮，显示如图 9.35 所示的河道内污染物浓度分布云图。

图 9.35　河道内污染物浓度分布云图

（3）双击"Graphics"下的"Contours"选项，弹出"Contours"设置对话框。在"Contour Name"文本框中输入"species-water"，在"Options"栏下分别选中"Filled"和"Node Values"复选框，其他的按照图 9.36 所示进行设置，在"Contours of"下拉列表框中选择"Species"及"Mass fraction of h2o<1>"选项。

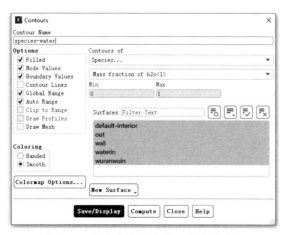

图 9.36　河道内水的浓度云图显示设置

（4）在图 9.36 中单击"Save/Display"按钮，显示如图 9.37 所示的河道内水的浓度分布云图。

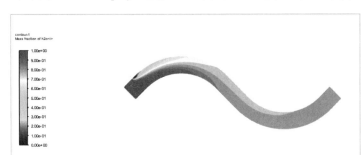

图 9.37　河道内水的浓度分布云图

9.5.3　计算结果数据后处理分析

在完成速度云图及污染物浓度分布云图等定性分析后，需要对计算结果数据进行后处理分析。如何基于计算结果进行定量分析也非常重要，计算结果数据定量分析的操作步骤如下。

（1）在工作界面左侧的"Results"下双击"Reports"选项，弹出如图 9.38 所示的"Reports"设置面板。

（2）双击"Surface Integrals"选项，弹出如图 9.39 所示的截面计算结果处理设置对话框。在"Report Type"下拉列表框中选择"Area-Weighted Average"（面平均）选项，在"Field Variable"下拉列表框中选择"Species"选项，单击"Compute"按钮，计算得出流道区域内污染物的面积的平均质量分数为 0.2316493。

（3）按照上面步骤相同的操作，可以求解出流道区域内水的质量分数。

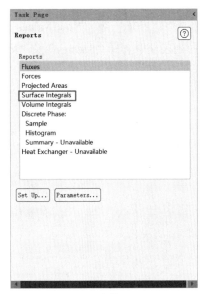

图 9.38　结果计算处理设置

图 9.39　流道内污染物质量分数计算结果

第10章

不同组分气体混合分析研究

　　工业生产过程中，经常会遇到研究两种及更多种气体混合的情况及结构形式对混合效果的影响。因此，如何运用 Fluent 软件来对此类问题进行定性、定量分析就显得尤为重要，本章以氮气和一氧化碳两种气体混合分析为例，介绍如何运用组分输送模型对气体混合进行仿真计算。

学习目标：

- 学习如何进行气气混合分析处理
- 学习如何运用组分输送模型对气气混合进行分析

　　注意：本章内容涉及组分输送模型设置，仿真时需要重点关注。

10.1 案例简介

本章以氮气和一氧化碳两种气体混合分析为研究对象，模型如图 10.1 所示。其中左侧进口为氮气入口，下方为一氧化碳进口，右侧为混合气体出口，应用 Fluent 2020 软件对氮气及一氧化碳两种气体进行混合分析。

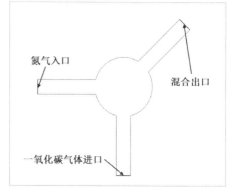

图 10.1　氮气及一氧化碳两种气体混合分析几何模型

10.2 软件启动及网格导入

运行 Fluent 软件，并进行网格导入，具体操作步骤如下。

（1）在桌面上双击"Fluent 2020"快捷方式图标，启动 Fluent 2020 软件；或在"开始"菜单中选择"所有程序"→"ANSYS 2020"→"Fluent 2020"命令，进入 Fluent Launcher 界面。

（2）在"Fluent Launcher"界面中的"Dimension"栏下选中"2D"单选按钮，在"Options"栏下分别选中"Double Precision"和"Display Mesh After Reading"复选框。选择"Show More Options"选项，在"General Options"选项卡下的"Working Directory"处选择工作目录，如图 10.2 所示。

图 10.2　Fluent 软件启动界面及工作目录选取

（3）在 Fluent 主界面中，选择"File"→"Read"→"Mesh"命令，弹出网格导入的"Select File"对话框，选择名称为"qqhh.msh"的网格文件，单击"OK"按钮便可导入网格。

（4）导入网格后，在图形显示区将显示几何模型。如图 10.3 所示。

图 10.3　网格示意图

10.3　模型、材料及边界条件设置

10.3.1　总体模型设置

网格导入成功后，进行 General 总体模型设置，具体操作步骤如下。

（1）在工作界面左侧的"Setup"下双击"General"选项，弹出"General"（总体模型）设置面板，如图 10.4 所示。

（2）在"Mesh"栏中单击"Scale"按钮，进行网格尺寸大小检查。本案例默认尺寸单位为mm，具体操作如图 10.5 所示。

图 10.4　General 总体模型设置

图 10.5　Mesh 网格尺寸大小检查设置

（3）在“Mesh”栏下单击“Check”按钮，进行网格检查，检查网格划分是否存在问题，结果如图 10.6 所示。

Console
x-coordinate: min (m) = -6.000000e-02, max (m) = 4.596194e-02
y-coordinate: min (m) = -6.000000e-02, max (m) = 4.596194e-02
Volume statistics:
minimum volume (m3): 3.066300e-07
maximum volume (m3): 2.240883e-06
total volume (m3): 2.462555e-03
Face area statistics:
minimum face area (m2): 4.828212e-04
maximum face area (m2): 1.647631e-03
Checking mesh.........................
Done.

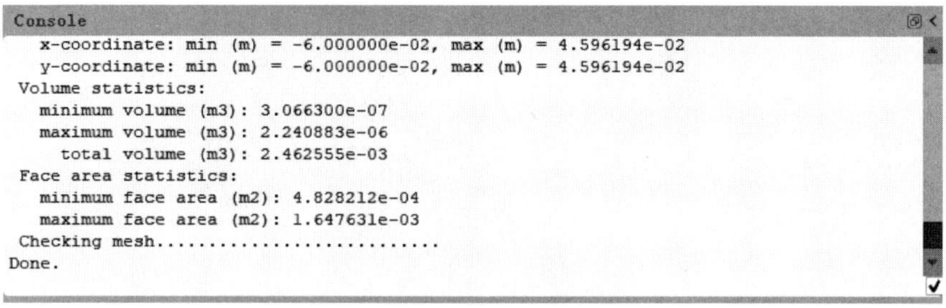

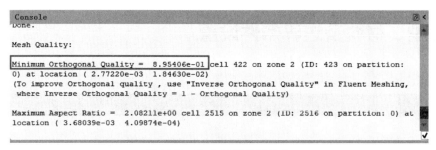

图 10.6　Mesh 网格检查设置

（4）在“Mesh”栏下单击“Report Quality”按钮，查看网格质量，结果如图 10.7 所示。

Console
Mesh Quality:
Minimum Orthogonal Quality = 8.95406e-01 cell 422 on zone 2 (ID: 423 on partition: 0) at location (2.77220e-03 1.84630e-02)
(To improve Orthogonal quality , use "Inverse Orthogonal Quality" in Fluent Meshing, where Inverse Orthogonal Quality = 1 - Orthogonal Quality)
Maximum Aspect Ratio = 2.08211e+00 cell 2515 on zone 2 (ID: 2516 on partition: 0) at location (3.68039e-03 4.09874e-04)

图 10.7　Mesh 网格质量检查

如果数值越接近 1，则划分的网格质量越好。

（5）在“Solver”栏中的“Type”下选中“Pressure-Based”单选按钮，即选择基于压力求解；在“Time”下选中“Steady”单选按钮，即进行稳态计算。

（6）其他选项保持默认设置，如图 10.4 所示。

（7）在工作界面上方中选择“Physics ”→“Solver”→“Operating Conditions”命令，弹出如图 10.8 所示的“Operating Conditions”（操作压力重力条件）设置对话框，单击“OK”按钮进行确认。

Operating Conditions
Pressure
Operating Pressure (pascal)
101325
Reference Pressure Location
X (mm) 0
Y (mm) 0
Z (mm) 0
Gravity
Gravity
OK
Cancel
Help

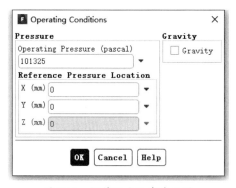

图 10.8　操作压力及密度设置

10.3.2　物理模型设置

General 总体模型设置完成后，接下来对物理模型进行仿真计算设置。通过对氮气及一氧化碳气体混合问题分析可知，需要设置混合气体流动模型、传热模型及组分输送模型。通过计算内部雷诺数，判断模型内部气体的流动状态为湍流状态，具体操作步骤如下。

（1）在工作界面左侧的"Setup"下双击"Models"选项，弹出"Models"（物理模型）设置面板。

（2）双击"Models"下的"Energy"选项，打开"Energy"对话框，选中"Energy Equation"复选框，如图 10.9 所示。

（3）双击"Models"下的"Viscous"选项，打开"Viscous Model"设置对话框，进行湍流流动模型设置。在"Models"下选中"k-epsilon（2 eqn）"单选按钮，在"k-epsilon Model"下选中"Standard"单选按钮，其余参数保持默认设置，如图 10.10 所示。单击"OK"按钮保存设置。

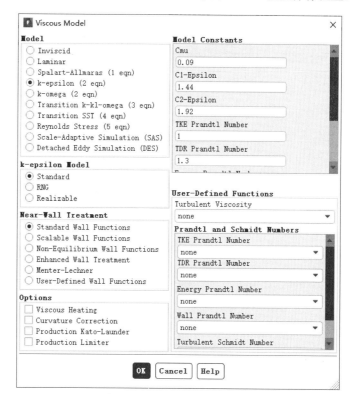

图 10.9　能量方程设置　　　　图 10.10　湍流模型设置

（4）双击"Models"下的"Species（Species Transport）"选项，打开"Species Model"（组分输送）设置对话框，进行组分输送模型设置。在"Model"栏中选中"Species Transport"单选按钮，在"Options"栏下分别选中"Inlet Diffusion"和"Diffusion Energy Source"复选框，其余参数保持默认设置，如图 10.11 所示。

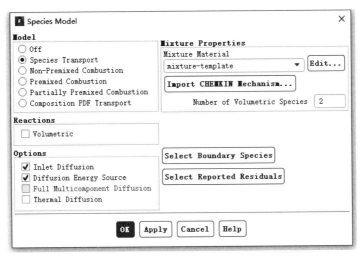

图 10.11　组分输送模型设置

10.3.3　材料设置

Model 物理模型设置完成后，下一步进行材料属性设置。基于仿真需要，需要新增氮气、一氧化碳，具体操作步骤如下。

（1）在工作界面左侧的"Setup"下双击"Materials"选项，弹出"Materials"（材料属性）设置面板，如图 10.12 所示。

图 10.12　材料属性设置

（2）在"Materials"栏中双击"Fluid"下的"air"选项，打开"Create/Edit Materials"对话框，对 air 材料进行设置，如图 10.13 所示。

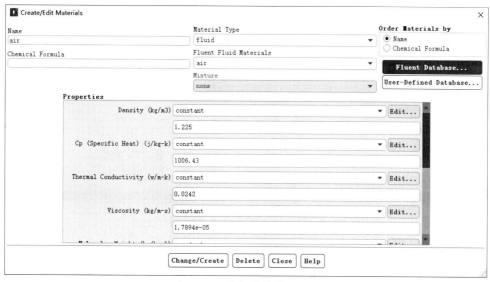

图 10.13　空气材料属性设置

（3）在图 10.13 中单击"Fluent Database"按钮，弹出"Fluent Database Materials"对话框，在"Fluent Fluid Materials"下拉列表框中选择"nitrogen（n2）"，单击"Copy"按钮，实现新增氮气，如图 10.14 所示。

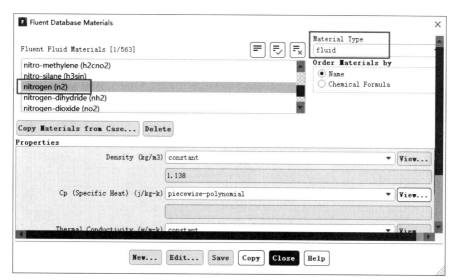

图 10.14　增加氮气材料的设置

（4）在图 10.14 所示的"Fluent Database Materials"对话框中，在"Fluent Fluid Materials"下拉列表框中选择"co（carbon-monoxide）"，单击"Copy"按钮，实现新增一氧化碳气体材料，如图 10.15 所示。

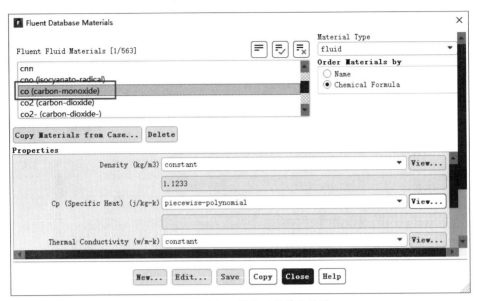

图 10.15　增加一氧化碳材料的设置

（5）在"Materials"栏中双击"mixture-template"选项，弹出"Create/Edit Materials"设置对话框。在"Properties"栏下单击"Mixture Species"右侧的"Edit"按钮，如图 10.16 所示。

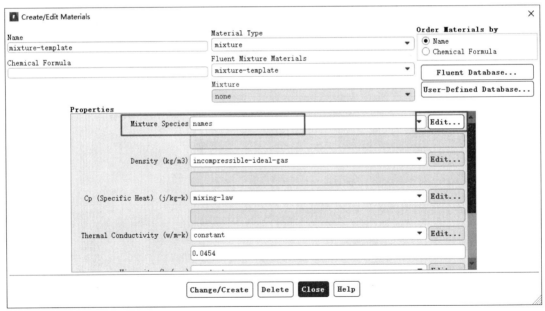

图 10.16　混合组分修改设置

（6）在弹出的"Species"设置对话框中，将 CO 气体及 N_2 两种气体添加至 mixture-template 中，将之前的其他材料删除，这样就可以实现混合物中只有 N_2 和 CO 两种物质，如图 10.17 所示。

图 10.17　在混合组分中添加氮气和一氧化碳设置

10.3.4　计算域设置

对材料属性设置完成后，下一步进行计算域内材料属性设置。

（1）在工作界面左侧的"Setup"下双击"Cell Zone Conditions"选项，弹出 Fluid（流体域）及 Solid（固体域）设置对话框，如图 10.18 所示，在"Material Name"下拉列表框中选择"mixture-template"选型，其余的保持默认设置。

（2）单击"OK"按钮，保存设置。

图 10.18　流体域内材料设置

10.3.5　边界条件设置

计算域内材料设置完成后，下一步对边界条件进行设置，下面依次进行设置说明。

（1）在工作界面左侧的"Setup"下双击"Boundary Conditions"选项，弹出"Boundary Conditions"（边界条件）设置面板，如图 10.19 所示。

（2）双击"in1"，弹出"Velocity Inlet"对话框，对速度进口"in1"进行设置。在"Velocity

Specification Method" 下拉列表框中选择"Magnitude, Normal to Boundary" 选项，在"Velocity Magnitude（m/s）" 选项文本框中输入"0.1"，在"Turbulence" 栏中的"Specification Method" 下选择"Intensity and Viscosity Ratio" 选项，在"Turbulent Intensity" 选项文本框中输入"5"，在"Turbulent Viscosity Ratio" 选项文本框中输入"10"，其余参数保持默认设置，如图 10.20 所示。

图 10.19　边界条件设置

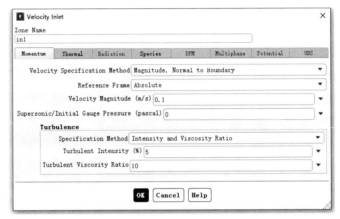

图 10.20　入口 in1 边界速度设置

选择"Thermal"选项卡，在"Temperature（k）"文本框中输入"293.15"，如图 10.21 所示。

图 10.21　入口 in1 边界温度设置

选择"Species"选项卡，在"n2"选项文本框中输入"1"，如图 10.22 所示。

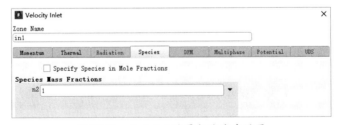

图 10.22　入口 in1 边界气体浓度设置

（3）双击"in2"，弹出"Velocity Inlet"对话框，对速度进口"in2"进行设置。在"Velocity Specification Method"下拉列表框中选择"Magnitude, Normal to Boundary"选项，在"Velocity Magnitude（m/s）"选项文本框中输入"0.2"，在"Turbulence"栏中的"Specification Method"下

选择"Intensity and Viscosity Ratio"选项，在"Turbulent Intensity"选项文本框中输入"5"，在"Turbulent Viscosity Ratio"选项文本框中输入"10"，其余参数保持默认设置，如图 10.23 所示。

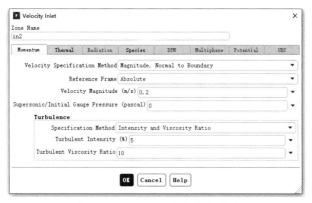

图 10.23　入口 in2 边界速度设置

选择"Species"选项卡，在"n2"选项文本框中输入"1"，如图 10.24 所示。

图 10.24　入口 in2 边界气体浓度设置

（4）在图 10.19 中双击"outlet"，弹出"Pressure Outlet"设置对话框。在"Turbulence"栏中的"Specification Method"下拉列表框中选择"Intensity and Viscosity Ratio"选项，在"Backflow Turbulent Intensity"选项文本框中输入"5"，在"Backflow Turbulent Viscosity Ratio"选项文本框中输入"10"，其余参数保持默认设置，如图 10.25 所示。

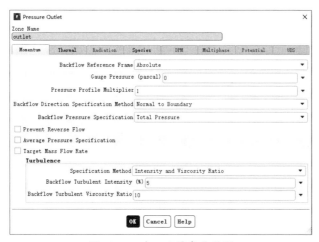

图 10.25　出口边界条件设置

选择"Species"选项卡，在"n2"选项文本框中处输入"0.5"，如图 10.26 所示。

图 10.26   出口边界回流气体浓度设置

（5）在图 10.19 中双击"wall"，弹出"Wall"设置对话框，参数保持默认设置，如图 10.27 所示。

图 10.27   壁面边界条件设置

注意：在 Fluent 中进行气体混合分析时，难点就是边界入口组分的气体浓度，设置时需要格外注意。

10.4 求解设置

10.4.1 求解方法及松弛因子设置

边界条件设置完之后，下一步对求解方法及松弛因子进行设置。

（1）在工作界面左侧的"Solution"下双击"Methods"选项，弹出"Solution Methods"（求解方法）设置面板。在"Scheme"选项处选择"SIMPLE"算法，在"Gradient"下拉列表框中选择"Least Squares Cell Based"选项，在"Pressure"下拉列表框中选择"Standard"选项，动量选择、湍动能及耗散能选择二阶迎风进行离散计算，其余按如图 10.28 所示进行设置。

（2）在工作界面左侧的"Solution"下双击"Controls"选项，弹出"Solution Controls"（松弛因子）设置面板，参数设置如图 10.29 所示。

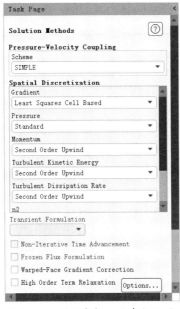

图 10.28　模型求解方法参数设置

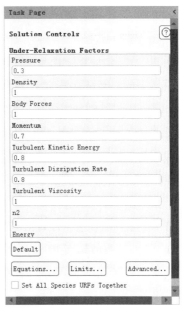

图 10.29　松弛因子参数设置

10.4.2　求解过程监测设置

对求解方法及松弛因子设置完之后，下一步进行求解过程监测设置。

（1）在工作界面左侧的"Solution"下双击"Monitors"下的"Residual"选项，弹出"Residual Monitors"（残差计算曲线）设置对话框。在"Iterations to Plot"选项文本框中输入"100"，在"Iterations to Store"选项文本框中输入"100"，收敛精度保持默认为"0.001"，如图 10.30 所示。

图 10.30　残差曲线监测设置

（2）单击"OK"按钮，保存计算残差曲线设置。

10.4.3 参数初始化设置

求解过程监测设置完之后，下一步进行参数初始化
设置。

（1）在工作界面左侧的"Solution"下双击
"Initialization"选项，弹出"Solution Initialization"（参
数初始化）设置面板，在"Initialization Mathods"栏下
选中"Hybrid Initialization"单选按钮，如图10.31所示。

（2）单击"Initialize"按钮，进行整个设置的参数
初始化。

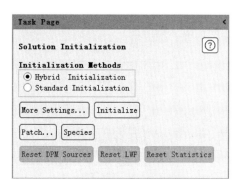

图 10.31　参数初始化设置

（3）参数初始化之后，要进行计算区域浓度的初始
化。单击"Patch"按钮，弹出如图10.32所示的"Patch"设置对话框，在"Variable"下选择"n2"，
在"Zones to Patch"下选择"fluid"，在"Value"文本框中输入"1"。单击"Patch"按钮，完成
fluid区域的浓度设置。

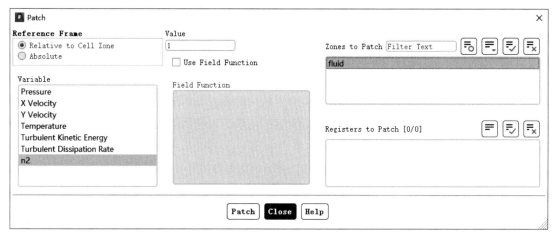

图 10.32　氮气浓度初始化设置

10.4.4 输出保存设置文件

在对初始化设置完成后，要进行文件输出保存的设置。

在工作界面中选择"File"→"Write"→"Case"命令，将设置好的Case文件保存在工作目录
下，如图10.33所示。

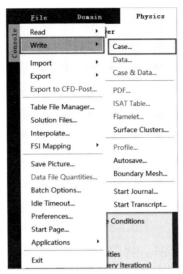

图 10.33　保存输出文件设置

10.4.5　求解计算设置

参数初始化设置完之后，下一步进行求解计算设置。

（1）在工作界面左侧的"Solution"下双击"Run Calculation"选项，弹出"Run Calculation"（求解计算）设置面板。首先单击"Check Case"按钮，对整个 Case 文件中的设置过程进行检查，然后在"Number of Iterations"选项文本框中输入"1000"，其他参数设置如图 10.34 所示。

（2）单击"Calculate"按钮，对整个设置的 Case 文件进行计算。

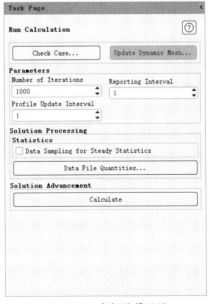

图 10.34　求解计算设置

10.5 结果处理及分析

在计算完成后，需要对计算结果进行后处理及分析，下面具体介绍操作过程。

10.5.1 气体浓度云图分析

对于不同组分气体混合分析研究而言，气体浓度分布分析非常重要，气体浓度云图显示具体操作步骤如下。

（1）双击工作界面左侧的"Graphics"选项，弹出"Graphics and Animations"（图形和动画）设置面板，如图 10.35 所示。

（2）双击"Graphics"下的"Contours"选项，弹出"Contours"设置对话框。在"Contours Name"文本框中输入"species-n2"，在"Options"栏下分别选中"Filled"和"Node Values"复选框，其他的按照图 10.36 所示进行选择，在"Contours of"下拉列表框中选择"species"和"Mass Fraction of n2"。单击"Save/Display"按钮，显示如图 10.37 所示的氮气组分浓度分布云图。

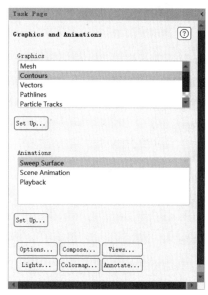

图 10.35　图形和动画结果设置

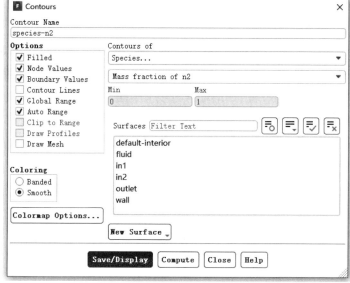

图 10.36　氮气组分浓度分布云图显示设置

图 10.37　氮气组分浓度分布云图

（3）双击"Graphics"下的"Contours"选项，弹出"Contours"设置对话框。在"Contour Name"文本框输入"species-co"，在"Options"栏下分别选中"Filled"和"Node Values"复选框，在"Contours of"下拉列表中选择"Species"和"Mass Fraction of co"选项，单击"Save/Display"按钮，显示如图 10.38 所示的一氧化碳组分浓度分布云图。

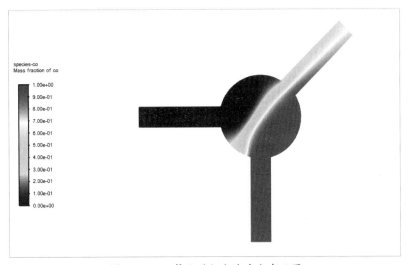

图 10.38　一氧化碳组分浓度分布云图

10.5.2 速度云图分析

双击"Graphics"下的"Contours"选项，弹出"Contours"设置对话框。在"Contour Name"文本框输入"velocity"，在"Options"栏下分别选中"Filled"和"Node Values"复选框，其他的按照图 10.39 所示进行设置，在"Contours of"下拉列表框中选择"Velocity"选项，单击"Save/

223

Display"按钮，显示如图 10.40 所示的速度云图。

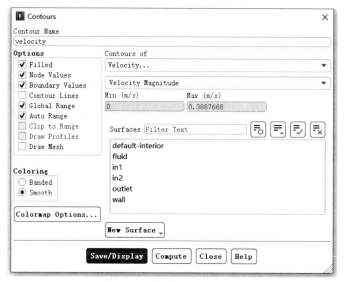

图 10.39　速度云图显示设置

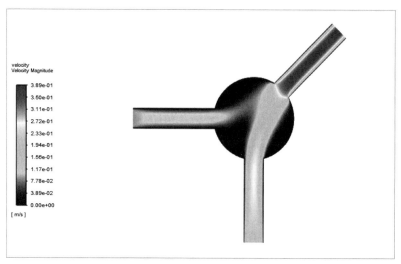

图 10.40　混合气体速度云图

10.5.3　计算结果数据后处理分析

在完成气体浓度云图及速度云图等定性分析后，如何基于计算结果进行定量分析也非常重要，计算结果数据定量分析的操作步骤如下。

（1）在工作界面左侧的"Results"下双击"Reports"选项，弹出"Reports"设置面板，如图10.41 所示。

（2）双击"Surface Integrals"选项，弹出如图 10.42 所示的截面计算结果处理设置对话框。在

"Report Type"下拉列表框中选择"Mass-Weighted Average"（质量平均）选项，在"Field Variable"
下拉列表框中选择"Species"选项，在"Surfaces"下选择所有的截面。单击"Compute"按钮，
计算得出截面氮气平均质量分数为 0.333872。

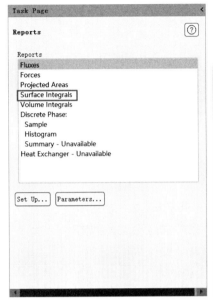

图 10.41　结果计算处理设置

图 10.42　截面计算氮气质量分数

第 11 章

液化天然气储罐内翻滚仿真分析研究

　　随着能源的消费升级，生活和工业中对天然气的需求越来越大，但目前对天然气运输常用的是液态运输方式，会存在储罐内由于外部受热导致内部液态翻滚的现象，安全隐患较大。因此如何运用 Fluent 软件来进行定性、定量分析此类问题就显得尤为重要，本章以 LNG（一般指液化天然气）储罐内液体翻滚瞬态分析为例，介绍如何运用 VOF 模型进行 LNG 储罐内液体翻滚仿真计算。

学习目标：

- 学习如何设置液体密度随温度变化
- 学习如何对 VOF 模型进行设置
- 如何对非稳态数据进行保存设置

　　注意：本章内容涉及密度随温度变化，以及 VOF 模型设置，仿真时需要重点关注。

11.1　案例简介

本案例以 LNG 储罐内液体翻滚瞬态分析为研究对象，几何模型如图 11.1 所示。其中上方为液体出口，四周为罐体壁面，罐体内部液体根据密度不同分为上层、下层，应用 Fluent 2020 软件进行 LNG 储罐内液体翻滚瞬态分析。

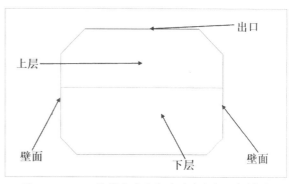

图 11.1　LNG 储罐内液体翻滚瞬态分析几何模型

11.2　软件启动及网格导入

运行 Fluent 软件，并进行网格导入，具体操作步骤如下。

（1）在桌面中双击"Fluent 2020"快捷方式图标，启动 Fluent 2020 软件；或在"开始"菜单中选择"所有程序"→"ANSYS 2020"→"Fluent 2020"命令进入 Fluent Launcher 界面。

（2）在"Fluent Launcher"界面中的"Dimension"下选中"2D"单选按钮，在"Options"栏下分别选中"Double Precision"和"Display Mesh After Reading"复选框。选择"Show More Options"，在"General Options"选项卡下的"Working Directory"处选择工作目录，如图 11.2 所示，单击"Start"按钮启动 Fluent 软件。

图 11.2　Fluent 软件启动界面及工作目录选取

（3）在 Fluent 主界面中，选择"File "→"Read"→"Mesh"命令，弹出网格导入的"Select File"对话框，选择名称为"lng.msh"的网格文件，单击"OK"按钮便可导入网格。

（4）导入网格后，在图形显示区将显示几何模型。

图 11.3　网格示意图

11.3 模型、材料及边界条件设置

11.3.1 总体模型设置

网格导入成功后，下一步对 General 总体模型进行设置，具体操作步骤如下。

（1）在工作界面左侧的"Setup"下双击"General"选项，弹出"General"（总体模型）设置面板，如图 11.4 所示。

（2）在图 11.4 中的"Mesh"栏下单击"Scale"按钮，对网格尺寸大小进行检查。本案例默认的尺寸单位为 m，具体操作如图 11.5 所示。

图 11.4　General 总体模型设置

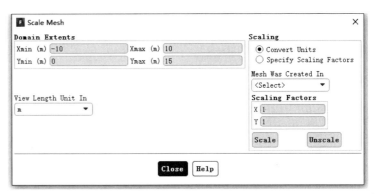

图 11.5　Mesh 网格尺寸大小检查设置

（3）在图 11.4 中的"Mesh"栏下单击"Check"按钮，进行网格检查，检查网格划分是否存在问题，如图 11.6 所示。

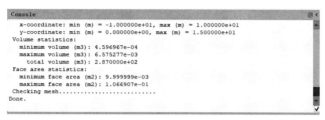

图 11.6 Mesh 网格检查设置

（4）在图 11.4 中的"Mesh"栏下单击"Report Quality"按钮，查看网格质量，如图 11.7 所示。

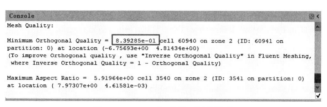

图 11.7 Mesh 网格质量检查

（5）在图 11.4 中的"Solver"栏中，在"Type"下选中"Pressure-Based"单选按钮，即选择基于压力求解；在"Time"下选中"Transient"单选按钮，即进行非稳态计算。

（6）其他选项保持默认设置，如图 11.7 所示。

（7）在工作界面中选择"Physics"→"Solver"→"Operating Conditions"命令，弹出如图 11.8 所示的"Operating Conditions"（操作压力重力条件）设置对话框。在"Operating Conditions（pascal）"选项文本框中输入"15000"，选中"Gravity"复选框，在"Y（m/s2）"选项文本框中输入"-9.81"，在"Boussinesq Parameters"下的"Operating Temperature"选项文本框中输入"111"，在"Operating Density Method"下拉列表框中选择"user-input"，在"Operating Density"选项文本框中输入"422.53"，单击"OK"按钮进行确认。

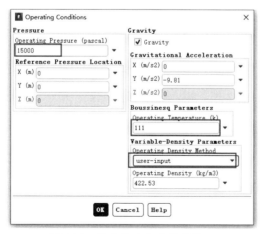

图 11.8 操作压力及密度设置

11.3.2 物理模型设置

General 总体模型设置完成后，对物理模型进行仿真计算设置。通过对 LNG 储罐内液体翻滚瞬态问题进行综合分析可知，需要设置多相流模型、液体翻滚流动模型及传热模型。通过计算内部的雷诺数，判断模型内部液体的流动状态为湍流状态，具体操作步骤如下。

（1）在工作界面左侧的"Setup"下双击"Models"选项，弹出"Models"（物理模型）设置面板。

（2）双击"Models"下的"Multiphase"，打开"Multiphase Model"设置对话框，选择"Models"选项卡，在"Model"栏下选中"Volume of Fluid"单选按钮，在"Number of Eulerian Phases"选项文本框中输入"2"，选中"Implicit Body Force"复选框，其余参数设置如图 11.9 所示。

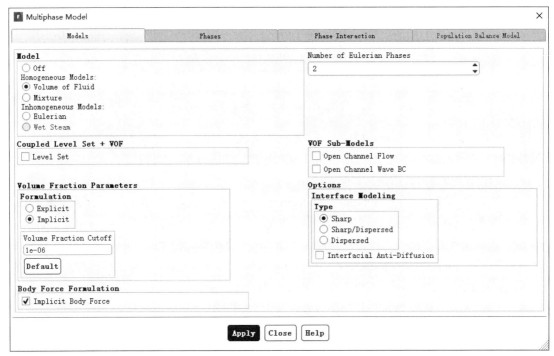

图 11.9　多相流 VOF 模型的设置

在图 11.9 中选择"Phases"选项卡，弹出如图 11.10 所示的"Multiphase Model"设置对话框。

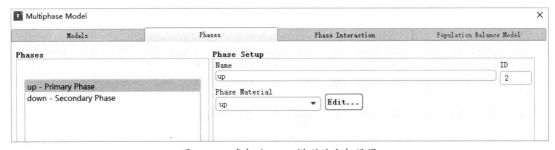

图 11.10　多相流 VOF 模型的主相设置

将"up"设置为"Primary Phase",将"down"设置为"Secondary Phase",如图 11.11 所示。

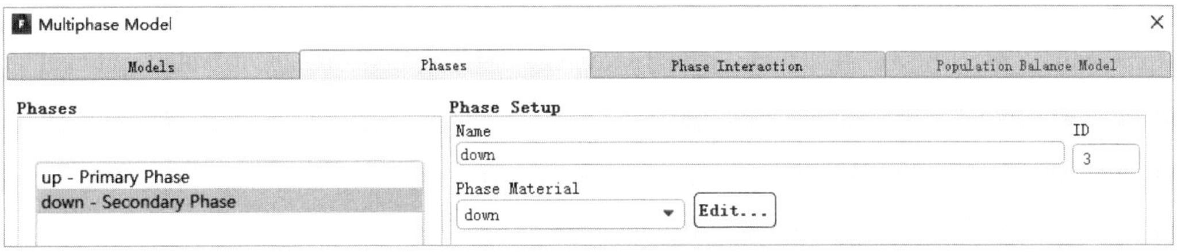

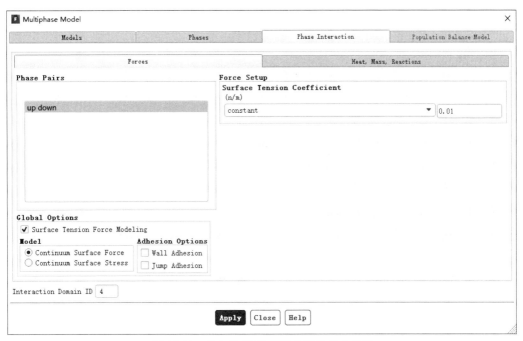

图 11.11 多相流 VOF 模型的次相设置

在图 11.9 中选择"Phase Interaction"选项卡,弹出如图 11.12 所示的设置对话框。选中"Surface Tension Force Modeling"复选框,在"Model"栏下选中"Continuum Surface Force"单选按钮,在"Surface Tension Coefficient"下选择"constant"选项,并输入数值"0.01"。

图 11.12 多相流 VOF 模型相间作用力设置

(3)双击"Models"下的"Energy"选项,打开"Energy"对话框,选中"Energy Equation"能量方程复选框,如图 11.13 所示。

图 11.13 能量方程设置

（4）双击"Models"下的"Viscous"选项，打开"Viscous Model"设置对话框，进行湍流流动模型设置。在"Models"栏下选中"k-epsilon（2 eqn）"单选按钮，在"k-epsilon Model"下选中"Realizable"单选按钮，在"Near-Wall Treatment"栏中选中"Enhanced Wall Treatment"单选按钮，在"Enhanced Wall Treatment Options"栏中选中"Thermal Effects"复选框，其余参数保持默认设置，如图 11.14 所示。然后单击"OK"按钮进行保存设置。

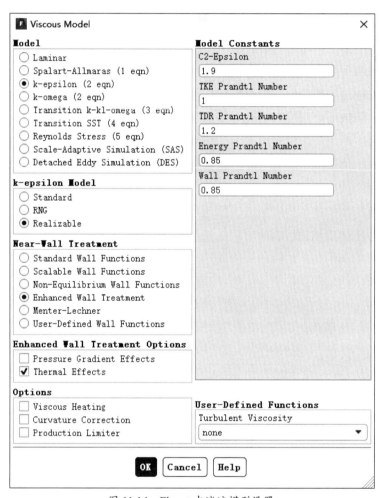

图 11.14　Fluent 中湍流模型设置

11.3.3　材料设置

Model 物理模型设置完成后，下一步对材料属性进行设置。需要新增 LNG 物质材料 up 和 down，具体操作步骤如下。

（1）在工作界面左侧的"Setup"下双击"Materials"选项，弹出"Materials（材料属性）"设置面板，如图 11.15 所示。

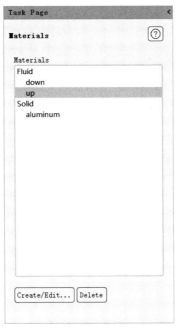

图 11.15　材料属性设置

（2）在图 11.15 中的"Materials"下双击"Fluid"中的"air"选项，打开"Create/Edit Materials"对话框，对 air 材料进行设置，如图 11.16 所示。

图 11.16　空气材料属性设置

（3）在图 11.16 中单击"Fluent Database"按钮，弹出"Fluent Database Materials"对话框，在"Fluent Fluid Materials"下拉列表框中选择"water-liquid"选项，单击"Copy"按钮，实现新增水材料，如图 11.17 所示。

图 11.17　材料中增加水的设置

（4）在图 11.17 双击"Fluent Fluid Materials"下的"water-liquid"选项，弹出"Create/Edit Materials"设置对话框。在"Name"文本框中输入"down"，在"Chemical Formula"文本框中输入"down"，在"Density"的下拉列表框中选择"boussinesq"（密度假设）选项，并在数值文本框中输入"450"，在"Cp（Specific Heat）"下的文本框中输入"2061"，在"Thermal Conductivity"下的文本框中输入"0.2025"，在"Thermal Expansion Coefficient"处选择"constant"，并输入数值"0.009"，其余参数按照图 11.18 所示进行设置，单击"Change/Create"按钮，实现 down 材料的新增。

图 11.18　修改增加 down 材料的设置

（5）按照上面步骤中的方法，再次新增 water-liquid 液体。双击"Fluid"下的"water-liquid"选项，弹出"Create/Edit Materials"设置对话框。在"Name"文本框中输入"up"，在"Chemical Formula"文本框中输入"up"，在"Density"的下拉列表框中选择"boussinesq"（密度假设）选项，输入数值"422.53"，在"Cp（Specific Heat）"下的文本框中输入"2055"，在"Thermal Conductivity"下的文本框中输入"0.1896"，在"Thermal Expansion Coefficient"处选择"constant"选项，输入数值"0.009"，其余参数按照图 11.19 所示进行设置，单击"Change/Create"按钮，实现 up 材料的新增。

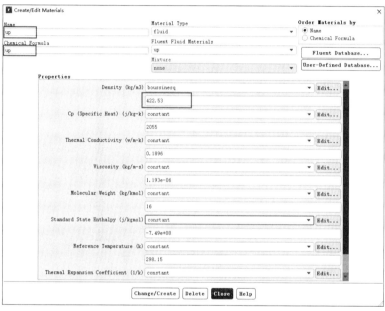

图 11.19　修改增加 up 材料的设置

（6）在图 11.15 中双击"Solid"下的"aluminum"选项，弹出"Create/Edit Materials"设置对话框，参数保持默认设置，单击"Change/Create"按钮，如图 11.20 所示。

图 11.20　壁面材料的设置

11.3.4 计算域设置

对材料属性设置完成后，下一步对计算域内材料属性进行设置。通过问题分析可知，整个计算域内分为两种 LNG 液体，因此需要进行定义，具体操作设置步骤如下。

（1）在工作界面左侧的"Setup"下双击"Cell Zone Conditions"选项，弹出"Cell Zone Conditions"设置面板，如图 11.21 所示。

图 11.21　流体域内材料设置

（2）在图 11.21 中的"Zone"下双击"down"选项，弹出"Fluid"设置对话框，参数保持默认设置，如图 11.22 所示。

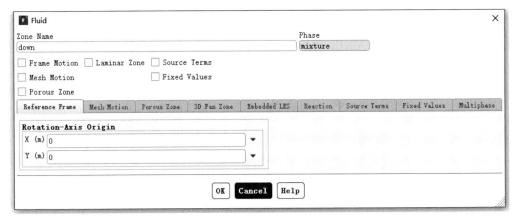

图 11.22　流体域 down 内材料设置

（3）单击"OK"按钮，保存设置。

11.3.5　边界条件设置

对计算域内材料设置完成后，下一步对边界条件进行设置，下面依次进行设置说明。

（1）在工作界面左侧的"Setup"下双击"Boundary Conditions"选项，弹出"Boundary Conditions"（边界条件）设置面板，如图 11.23 所示。

（2）在图 11.23 中的"Zone"下双击"out"选项，弹出压力出口"out"设置对话框。在"Gauge Pressure"文本框中输入"15000"，在"Backflow Direction Specification Method"下选择"Normal to Boundary"选项，在"Turbulence"栏中的"Specification Method"下选择"K and Epsilon"选项，在"Backflow Turbulent Kinetic Energy"选项文本框中输入"1"，在"Backflow Turbulent Dissipation Rate"选项文本框中输入"0.8"，其余参数保持默认设置，如图 11.24 所示。

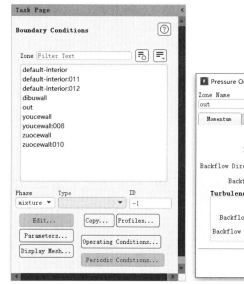

图 11.23　边界条件设置

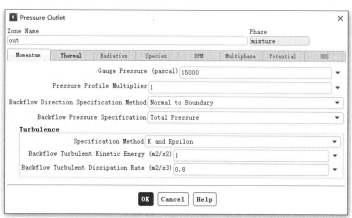

图 11.24　出口压力边界动量设置

选择"Thermal"选项，在"Backflow Total Temperature"选项文本框中输入"111"，如图 11.25 所示。

图 11.25　出口压力边界温度设置

（3）在图 11.23 中的"Zone"下双击"dibuwall"选项，弹出"Wall"设置对话框。在"Thermal Conditions"栏下选中"Heat Flux"单选按钮，在"Heat Flux"选项文本框中输入"10"，其余参数保持默认设置，如图 11.26 所示。

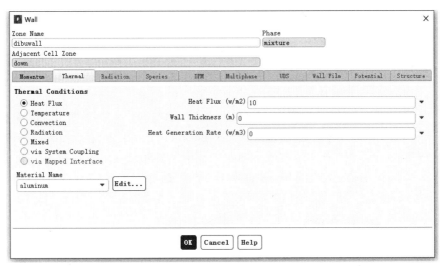

图 11.26　底部壁面边界温度设置

（4）在图 11.23 中的"Zone"下双击"youcewall"选项，弹出"Wall"设置对话框。选择"Thermal"选项卡，在"Thermal Condition"下选中"Heat Flux"单选按钮，在"Heat Flux"选项文本框处输入"10"，其余参数保持默认，如图 11.27 所示。

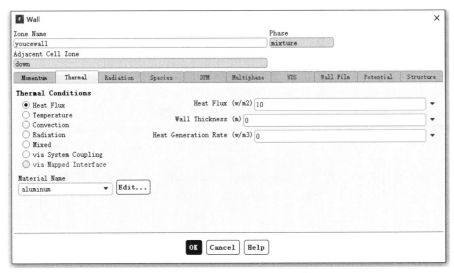

图 11.27　左侧壁面边界温度设置

（5）在图 11.23 中的"Zone"下右击"youcewall"，在弹出的快捷菜单中选择"Copy"命令，弹出"Copy Conditions"设置对话框，如图 11.28 所示。在"From Boundary Zone"下选择"youcewall"选项，在"To Boundary Zones"下选择如图 11.28 所示的面，其余参数保持默认设置，即可以实现批量化边界条件设置。

注意：在 Fluent 中对 LNG 储罐内液体翻滚进行分析，难点是设置边界热流及压力回流边界条件，设置时需要格外注意。

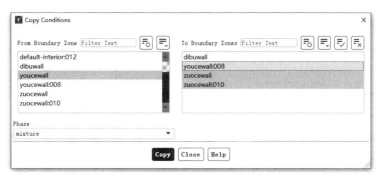

图 11.28　壁面边界条件批量化设置

11.4 求解设置

11.4.1 求解方法及松弛因子设置

对边界条件设置完之后，则对求解方法及松弛因子进行设置。

（1）在工作界面左侧的"Solution"下双击"Methods"选项，弹出"Solution Methods"（求解方法）设置面板。在"Scheme"下拉列表框中选择"PISO"算法，在"Gradient"下拉列表框中选择"Least Squares Cell Based"选项，在"Pressure"下拉列表框中选择"Body Force Weighted"选项，动量选择、湍动能及耗散能选择二阶迎风进行离散计算，其余按如图 11.29 所示进行设置。

（2）在工作界面左侧的"Solution"下双击"Controls"选项，弹出"Solution Controls"（松弛因子）设置面板，参数设置如图 11.30 所示。

图 11.29　模型求解方法参数设置

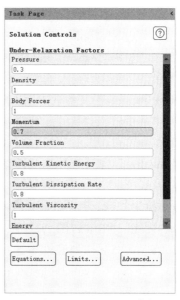

图 11.30　松弛因子参数设置

11.4.2 求解过程贱检测设置

对求解方法及松弛因子设置完之后，下一步对求解过程监测进行设置。

（1）在工作界面左侧的"Solution"下双击"Monitors"下的"Residual"选项，弹出"Residual Monitors（残差计算曲线）"设置对话框。在其中"Iterations to Plot"选项文本框中输入"1000"，连续性方程、速度等收敛精度保持默认为"0.0001"，能量方程收敛精度默认为"1e-6"，如图11.31所示。

（2）单击"OK"按钮，保存计算残差曲线的设置。

图 11.31　残差曲线监测设置

11.4.3 参数初始化设置

求解过程监测设置完之后，下一步进行参数初始化设置。

（1）在工作界面左侧的"Solution"下双击"Initialization"选项，弹出"Solution Initialization"（参数初始化）设置面板，选中"Standard Initialization"单选按钮，如图 11.32 所示。

（2）在"Gauge Pressure"文本框中输入"15000"，在"Temperature"文本框中输入"111"，其余参数保持默认设置。

（3）单击"Initialize"按钮，对整个设置进行参数初始化。

（4）对参数初始化之后，要进行计算区域组分的初始化。单击"Patch"按钮，弹出如图 11.33 所示的"Patch"设置对话框。在"Phase"下拉列表框中选择"down"选项，在"Variable"下选择"Volume Fraction"选项，在"Zones to Patch"下选择"down"选项，在"Value"文本框中输入"1"。单击"Patch"按钮，完成 down 区域内

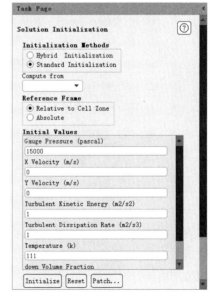

图 11.32　参数初始化设置

down 物质的设置。

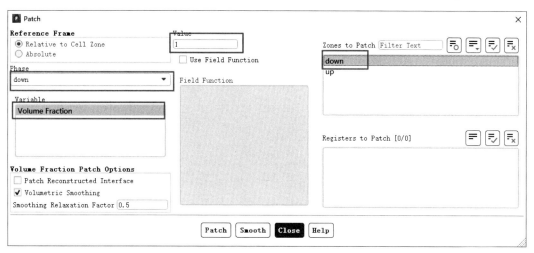

图 11.33　down 物质初始化设置

（5）在"Phase"下拉列表框中选择"down"选项，在"Variable"下选择"Volume Fraction"选项，在"Zones to Patch"下选择"up"选项，在"Value"文本框中输入"0"，如图 11.34 所示。单击"Patch"按钮，完成 up 区域内 up 物质的设置。

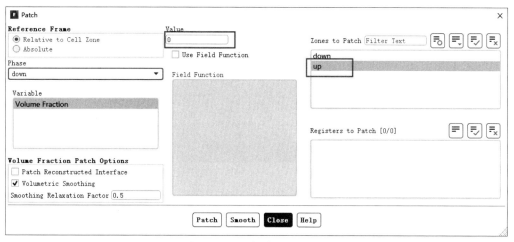

图 11.34　up 物质初始化设置

（6）对 Patch 设置完成后，可以先检查设置是否正确。双击工作界面左侧的"Graphics"选项，弹出"Graphics and Animations"（图形和动画）设置面板，如图 11.35 所示。

（7）在图 11.35 中双击"Graphics"下的"Contours"选项，弹出"Contours"设置对话框。在"Contours Name"文本框中输入"phase-up"，在"Options"栏下分别选中"Filled"和"Node Values"复选框，在"Contours of"下分别选择"Phase"和"Volume Fraction"选项，在"Phase"下选择"up"选项。其他的按照图 11.36 所示进行设置，单击"Save/Display"按钮，显示如图 11.37 所示的 up 相体积分数分布云图。

图 11.35　图形和动画结果设置　　　　　图 11.36　up 相体积分数云图显示设置

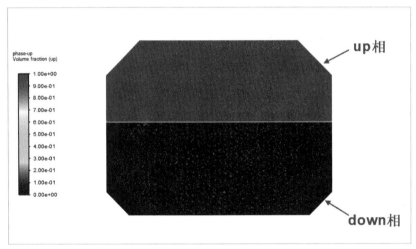

图 11.37　up 相体积分数云图

（8）如图 11.37 所示，完成 Patch 后，初始状态时上方全部为 up 相，下方全部为 down 相。

11.4.4　输出保存设置文件

在对参数进行初始化设置后，需要对设置文件进行保存。

（1）在工作界面中选择"File"→"Write"→" Case"命令，将设置好的 Case 文件保存在工作目录下，如图 11.38 所示。

（2）在工作界面中选择"File"→"Write"→"Autosave"命令，弹出"Autosave"设置对话框，如图 11.39 所示。在"Save Data File Every"选项文本框中输入"2500"（代表 250s 自动保存一次

计算结果），在右边的下拉列表框中选择"Time Steps"选项，在"File Name"下选择刚刚保存的 Case 文件，单击"OK"按钮保存设置。

图 11.38　保存输出文件设置

图 11.39　自动保存输出文件设置

11.4.5　求解计算设置

对参数初始化设置完之后，下一步进行求解计算设置。

（1）在工作界面左侧的"Solution"下双击"Run Calculation"选项，弹出"Run Calculation"（求解计算）设置面板。首先单击"Check Case"按钮，对整个 Case 文件设置过程进行检查，如果没有提示错误，则进行下一步操作。

（2）对于非稳态计算，需要设置非稳态时间计算步长及计算步数，考虑到整个 LNG 储罐内液体的翻滚状态，则在"Time Step Size（s）"选项文本框中输入"0.1"（计算时间步长），在"Number of Times Steps"选项文本框中输入"200000"，其他参数按如图 11.40 所示进行设置。

（3）单击"Calculate"按钮进行计算。

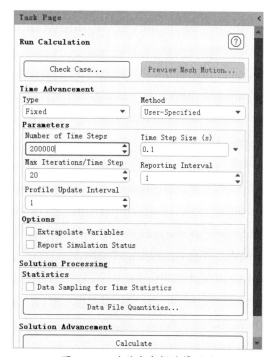

图 11.40　非稳态求解计算设置

11.5 结果处理及分析

在计算完成后，需要对计算结果进行后处理，对于非稳态计算，需要读取对应时刻下自动保存的数据，再进行分析。

11.5.1 速度云图分析

对于液化天然气储罐内液体翻滚仿真分析而言，内部液体受密度变化驱动流动。因此对其速度分布的分析非常重要，速度云图显示的具体操作步骤如下。

（1）因为是非稳态计算，首先分析 lng-2500.dat 的自动保存数据，即为时长 250s 的数据，导入计算结果的步骤如图 11.41 所示。

（2）双击工作界面左侧的"Graphics"选项，弹出"Graphics and Animations"（图形和动画）设置面板，如图 11.42 所示。

图 11.41　导入自动保存的 t=250s 时的计算结果文件

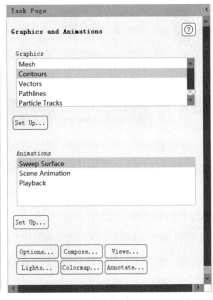

图 11.42　图形和动画结果设置

（3）在图 11.42 中双击"Graphics"下的"Contours"选项，弹出"Contours"设置对话框。在"Contour Name"文本框中输入"velocity 250s"，在"Options"栏中分别选中"Filled"和"Node Values"复选框，其他的按照图 11.43 所示进行设置，在"Contours of"下选择"Velocity"选项。单击"Save/Display"按钮，显示如图 11.44 所示的罐内速度分布云图。

图 11.43　t=250s 时刻速度分布云图的显示设置

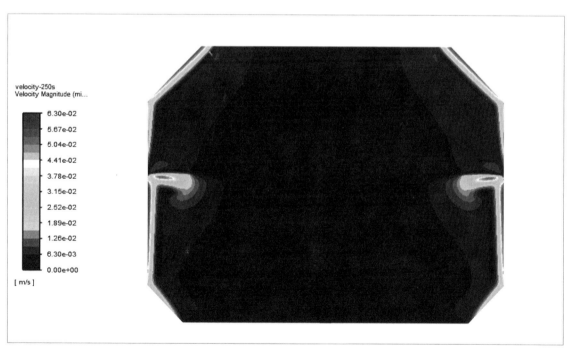

图 11.44　t=250s 时刻罐体内的速度分布云图

（4）在现有 Case 设置下，读取 dat 文件时，Case 文件中的设置继续保存。将保存时间为 12500. dat 的计算结果，即将 t=1250s 时刻的数据进行导入，如图 11.45 所示。

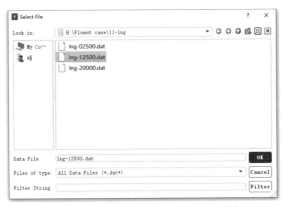

图 11.45　导入 t=1250s 时刻的计算结果文件

（5）在图 11.42 中双击"Graphics"下的"Contours"选项，弹出"Contours"设置对话框。在"Contour Name"文本框输入"velocity-t-1250s"，在"Options"栏中分别选中"Filled"和"Node Values"复选框，其他的按照图 11.46 进行设置，在"Contours of"下选择"Velocity"选项。单击"Save/Display"按钮，显示如图 11.47 所示的罐内速度的分布云图。

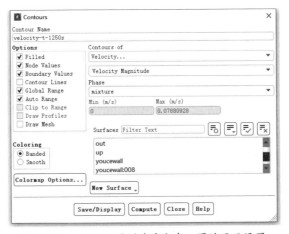

图 11.46　t=1250s 时刻速度分布云图的显示设置

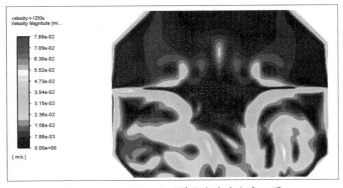

图 11.47　t=1250s 时刻罐体内速度分布云图

11.5.2 速度等值线分布分析

在速度云图分析完成后，下一步对速度等值线分布进行分析，具体的操作步骤如下。

（1）双击工作界面左侧的"Graphics"选项，弹出"Graphics and Animations"（图形和动画）设置面板，如图 11.48 所示。

（2）在图 11.48 中双击"Graphics"下的"Contours"选项，弹出"Contours"设置对话框。在"Contour Name"文本框中输入"velocity"，在"Options"栏下分别选中"Node Values"和"Global Range"复选框，在"Contours of"下拉列表框中选择"Velocity"选项。单击"Save/Display"按钮，显示如图 11.49 所示的 t=250s 时刻的速度等值线。

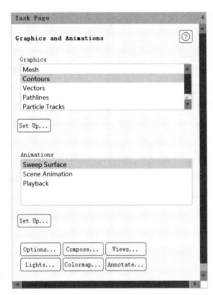

图 11.48　图形和动画结果设置

图 11.49　t=250s 时刻速度等值线的显示设置

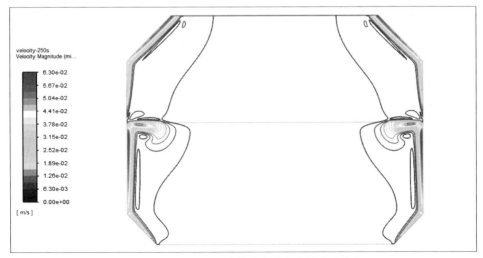

图 11.50　t=250s 时刻罐体内速度等值线的分布

（3）在现有 Case 文件设置下，读取 dat 文件，导入保存时间为 12500.dat 的计算结果。双击"Graphics"下的"Contours"选项，弹出"Contours"设置对话框。在"Contour Name"文本框中输入"velocity"，在"Options"栏下分别选中"Node Values"和"Global Range"复选框，在"Contours of"下拉列表框中选择"Velocity"选项。单击"Save/Display"按钮，显示如图 11.51 所示的 t=1250s 时刻的速度等值线。

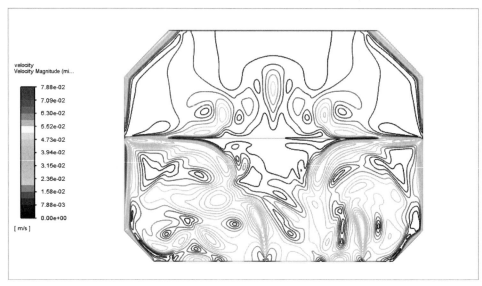

图 11.51　t=1250s 时刻罐体内速度等值线的分布

第 12 章

数据机房内发热器件温度及流场仿真研究

　　随着大数据及 5G 的发展，数据机房中心的建设越来越多，数据中心内电子器件的发热量也越来越大，这对数据机房内电子器件的冷却带来了极大挑战。因此如何运用 Fluent 软件来对此类问题进行定性、定量分析，就显得尤为重要。本章以数据机房中心电子器件温度场及机房内空气流场分析为例，介绍如何对数据机房中心内电子器件温度场及机房内流场进行仿真计算。

学习目标：

◆ 学习如何对空调回风口进行简化处理设置
◆ 学习如何对发热电子器件进行等效处理设置
　　注意：本章内容涉及发热元件等效处理设置，仿真时需要重点关注。

12.1 案例简介

本案例以数据机房中心内电子器件温度场及机房内流场分析为研究对象，如图 12.1 所示。其中机房底部有 5 个冷风进口，左右两侧各有热风出口，发热器件间通过挡板隔开，每排发热器件间通过通风走廊分开，应用 Fluent 2020 软件对数据机房中心内电子器件温度场及机房内流场进行分析。

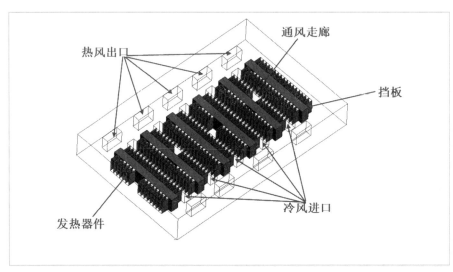

图 12.1　数据机房中心内电子器件温度场及机房内流场分析几何模型

12.2 软件启动及网格导入

运行 Fluent 软件并进行网格导入，具体操作步骤如下。

（1）在桌面中双击"Fluent 2020"快捷方式图标，启动 Fluent 2020 软件；或在"开始"菜单中选择"所有程序"→"ANSYS 2020"→"Fluent 2020"命令进入 Fluent Launcher 界面。

（2）在"Fluent Launcher"界面中的"Dimension"下选中"3D"单选按钮，在"Options"栏下分别选中"Double Precision"和"Display Mesh After Reading"复选框。选择"Show More Options"，在"General Options"选项卡下的"Working Directory"中选择工作目录，如图 12.2 所示。单击"Start"按钮进入 Fluent 主界面。

（3）在 Fluent 主界面中，依次选择"File"→"Read"→"Mesh"命令，弹出网格导入的"Select File"对话框，选择名称为"sjjf.msh"的网格文件，单击"OK"按钮便可导入网格。

（4）导入网格后，在图形显示区将显示几何模型。

图 12.2　Fluent 软件启动界面及工作目录选取

12.3　模型、材料及边界条件设置

12.3.1　总体模型设置

网格导入成功后，下一步对 General 总体模型进行设置，具体操作步骤如下。

（1）在工作界面左侧的"Setup"下双击"General"选项，弹出"General（总体模型）"设置面板，如图 12.3 所示。

（2）在"Mesh"栏下单击"Scale"按钮，进行网格尺寸大小检查。本案例默认尺寸单位为 m，具体操作如图 12.4 所示。

图 12.3　General 总体模型设置

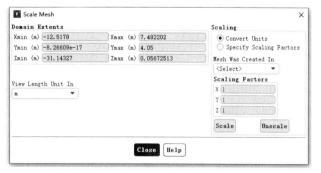

图 12.4　Mesh 网格尺寸大小检查设置

（3）在"Mesh"栏下单击"Check"按钮，进行网格检查，检查网格划分是否存在问题，如图 12.5 所示。

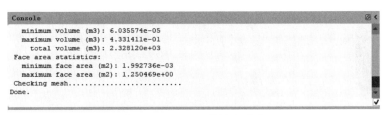

图 12.5　Mesh 网格检查设置

（4）在"Mesh"栏下单击"Report Quality"按钮，查看网格质量。

（5）在"Solver"栏中，在"Type"下选中"Pressure Based"单选按钮，即选择基于压力求解；在"Time"下选中"Steady"单选按钮，即进行稳态计算。

（6）其他参数保持默认设置，如图 12.3 所示。

（7）在工作界面中选择"Physics"→"Solver"→"Operating Conditions"命令，弹出如图 12.6 所示的"Operating Conditions"（操作压力重力条件）设置对话框，单击"OK"按钮进行确认。

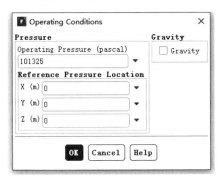

图 12.6　操作压力及密度设置

12.3.2　物理模型设置

General 总体模型设置完成后，接下来对物理模型进行仿真设置。通过对数据机房中心内电子器件温度场及机房内流场分析可知，需要设置能量方程及气体流动模型。通过计算内部雷诺数，可以判断模型内部气体的流动状态为湍流状态，具体操作步骤如下。

（1）在工作界面左侧的"Setup"下双击"Models"选项，弹出"Models"（物理模型）设置对话框。

（2）双击"Models"下的"Energy"选项，打开"Energy"对话框，选中"Energy Equation"能量方程复选框，如图 12.7 所示。

（3）双击"Models"下的"Viscous"选项，打开"Viscous Model"设置对话框，进行湍流流动模型设置。在"Model"栏下选中"k-epsilon（2 eqn）"单选按钮，在"k-epsilon Model"下选中"Standard"单选按钮，其余参数保持默认设置，如图 12.8 所示，单击"OK"按钮保存设置。

图 12.7　能量方程设置　　　　　　　图 12.8　湍流模型设置

12.3.3　材料设置

对 Model 物理模型设置完成后，下一步对材料属性进行设置。

（1）在工作界面左侧的"Setup"下双击"Materials"选项，弹出"Materials"（材料属性）设置面板，如图 12.9 所示。

图 12.9　材料属性设置

（2）在"Materials"栏下双击"Fluid"中的"air"选项，打开"Create/Edit Materials"对话框，对 air 材料进行设置。单击"Change/Create"按钮保存设置，如图 12.10 所示。

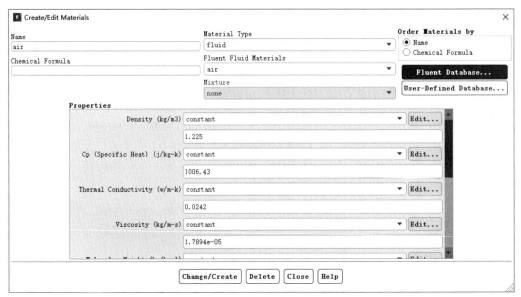

图 12.10 空气材料属性设置

（3）双击"Solid"下的"aluminum"，弹出"Create/Edit Materials"设置对话框，参数保持默认设置，单击"Change/Create"按钮，如图 12.11 所示。

图 12.11 铝材料属性设置

（4）在"Create/Edit Materials"对话框中单击"Fluent Database"按钮，弹出"Fluent Database Materials"对话框，在"Fluent Solid Materials"下拉列表框中选择"copper（cu）"选项，如图 12.12 所示。单击"Copy"按钮，实现铜材料的新增。

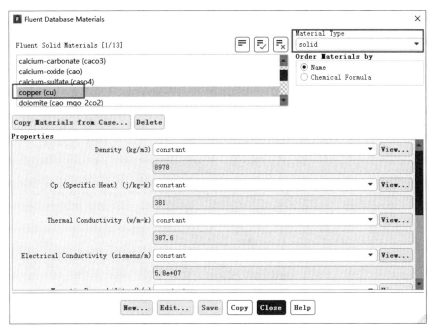

图 12.12　材料中增加铜的设置

12.3.4　计算域设置

对材料属性设置完成后，下一步对计算域内材料属性进行设置。通过问题分析可知，发热电子器件的材料为 cu。因此需要进行定义，具体操作设置步骤如下。

（1）在工作界面左侧的"Setup"下双击"Cell Zone Conditions"选项，弹出"Cell Zone Conditions"设置面板，如图 12.13 所示。

图 12.13　计算域内材料设置

（2）在图 12.13 中的"Zone"下双击"fareyuan"选项，弹出如图 12.14 所示的"Solid"（固体域）设置对话框，在"Material Name"下拉列表框中选择"copper"。

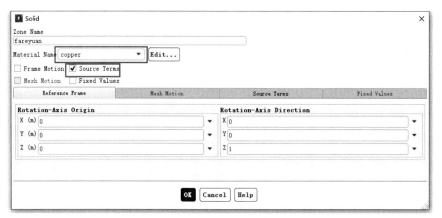

图 12.14　固体域内材料设置

选中"Source Terms"复选框，选择"Source Terms"选项卡，显示如图 12.15 所示的对话框。单击图 12.15 中加框线的"Edit"按钮，弹出如图 12.16 所示的"Energy sources"设置对话框。在文本框中输入"13640"（通过电子器件发热量折算而来），单击"OK"按钮，保存发热量设置。

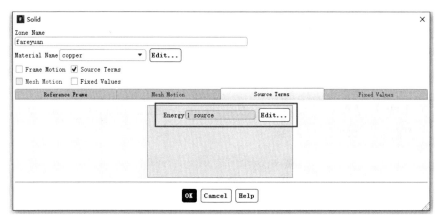

图 12.15　固体域内发热量设置

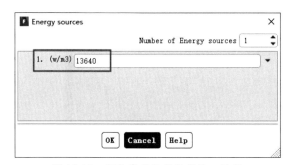

图 12.16　固体域发热量数值输入设置

其余参数保持默认设置，单击"OK"按钮，保存电子器件发热量设置。

（3）在图 12.13 中的"Zone"下双击"jixiang"选项，打开"Fluid"对话框，对"Fluid"流体
域进行设置，因为默认流体是空气，其余参数保持默认，如图 12.17 所示。

图 12.17　流体域内材料属性设置

（4）按与步骤（3）同样的操作依次对另外两个流体域进行材料属性设置。

12.3.5　边界条件设置

对计算域内材料设置完成后，下一步对边界条件进行设置。

（1）在工作界面左侧的"Setup"下双击"Boundary Conditions"选项，弹出"Boundary
Conditions"（边界条件）设置面板，如图 12.18 所示。

图 12.18　边界条件设置

（2）在图 12.18 中的"Zone"下双击"airin"选项，弹出"Velocity Inlet"设置对话框，对冷风入口 airin 进行设置。在"Velocity Specification Method"下拉列表框中选择"Magnitude，Normal to Boundary"选项，在"Velocity Magnitude（m/s）"选项文本框中输入"5.9"，在"Turbulence"栏下的"Specification Method"选项中选择"Intensity and Viscosity Ratio"选项，在"Turbulent Intensity"选项文本框中输入"5"，在"Turbulent Viscosity Ratio"选项文本框中输入"10"，其余参数保持默认设置，如图 12.19 所示。

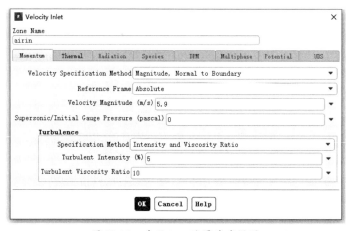

图 12.19 冷风入口边界速度设置

选择"Thermal"选项卡，在"Temperature"选项文本框中输入"298.15"，如图 12.20 所示。

图 12.20 冷风入口边界温度设置

（3）在图 12.18 中的"Zone"下双击"airout"选项，弹出"Outflow"对话框，对热风出口 airout 进行设置，参数保持默认设置，如图 12.21 所示。

图 12.21 热风出口边界设置

（4）在图 12.18 中的"Zone"下双击"wall-dangban"选项，弹出"Wall"设置对话框。在"Thermal Conditions"栏下选中"Coupled"单选按钮，其余参数保持默认设置，如图 12.22 所示。

图 12.22　挡板壁面温度设置

（5）在图 12.18 中的"Zone"下右击"wall-dangban"，在弹出的快捷菜单中选择"Copy"命令，弹出"Copy Conditions"设置对话框。在"From Boundary Zone"下选择"wall-dangban"选项，在"To Boundary Zones"处选择如图 12.23 所示的面，其余参数保持默认设置，单击"Copy"按钮则可以实现相同边界条件批量化设置。

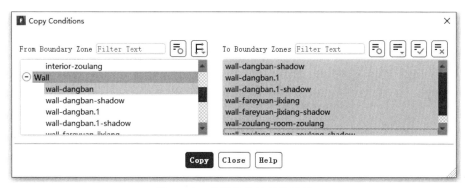

图 12.23　边界条件批量化设置

（6）在图 12.18 中的"Zone"下双击"wall-room"选项，弹出"Wall"设置对话框。选择"Thermal"选项卡，在"Thermal Conditions"栏中选中"Heat Flux"单选按钮，在"Heat Flux"选项文本框中输入"0"，其余参数保持默认设置，如图 12.24 所示。

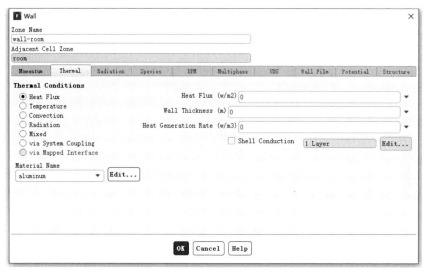

图 12.24　机房房间壁面温度设置

（7）在图 12.18 中的"Zone"下右击"wall-room"，在弹出的快捷菜单中选择"Copy"命令，弹出"Copy Conditions"设置对话框。在"From Boundary Zone"下选择"wall-room"选项，在"To Boundary Zones"下选择如图 12.25 所示的面，其余参数保持默认设置，单击"Copy"按钮保存设置。

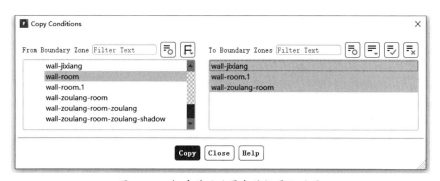

图 12.25　机房壁面边界条件批量化设置

12.4　求解设置

12.4.1　求解方法及松弛因子设置

在对边界条件设置完之后，下一步对求解方法及松弛因子进行设置。

（1）在工作界面左侧的"Solution"下双击"Methods"选项，弹出"Solution Methods"（求解

方法）设置面板。在"Scheme"下拉列表框中选择"SIMPLE"算法，在"Gradient"下拉列表框中"Least Squares Cell Based"选项，在"Pressure"下拉列表框中选择"Standard"选项，动量选择选择二阶迎风，湍动能及耗散能选择一阶迎风进行离散计算，其余按如图 12.26 所示进行设置。

（2）在工作界面左侧的"Solution"下双击"Controls"选项，弹出"Solution Controls"（松弛因子）设置面板，参数设置如图 12.27 所示。

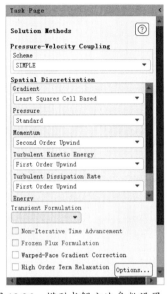

图 12.26　模型求解方法参数设置

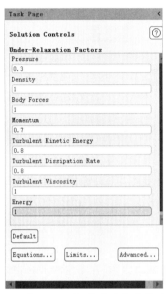

图 12.27　松弛因子参数设置

12.4.2　求解过程监测设置

对求解方法及松弛因子设置完之后，下一步对求解过程监测进行设置。

（1）在工作界面左侧的"Solution"下双击"Monitors"下的"Residual"选项，弹出"Residual Monitors"（残差计算曲线）设置对话框。在"Iterations to Plot"选项文本框中输入"1000"，在"Iterations to Store"选项文本框中输入"1000"，收敛精度保持默认为"0.001"，能量方程收敛精度默认为"1e-06"，如图 12.28 所示。

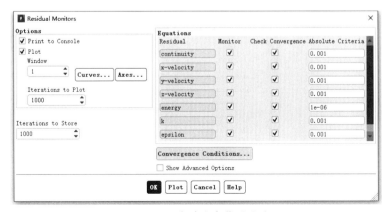

图 12.28　残差曲线监测设置

（2）单击"OK"按钮，保存计算残差曲线的设置。

12.4.3 参数初始化设置

对求解过程监测设置完之后，下一步对参数初始化进行设置。

（1）在工作界面左侧的"Solution"下双击"Initialization"选项，弹出"Solution Initialization"（参数初始化）设置面板，在"Initialization Methods"栏下选中"Hybrid Initialization"单选按钮，如图 12.29 所示。

（2）单击"Initialize"按钮，对整个设置的参数进行初始化。

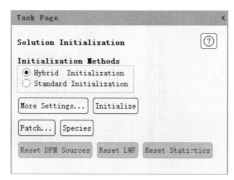

图 12.29　参数初始化设置

12.4.4 输出保存设置文件

在进行初始化设置后，要对设置文件进行保存。在工作界面中选择"File"→"Write"→"Case"命令，将设置好的 Case 文件保存在工作目录下，如图 12.30 所示。

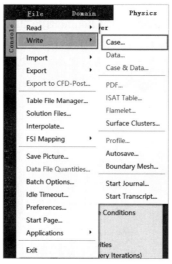

图 12.30　保存输出文件设置

12.4.5　求解计算设置

对参数初始化设置完之后，下一步进行求解计算设置。

（1）在工作界面左侧的"Solution"下双击"Run Calculation"选项，弹出"Run Calculation"（求解计算）设置面板。首先单击"Check Case"按钮，对整个 Case 文件的设置过程进行检查，然后在"Number of Iterations"选项文本框中输入"200"，其他参数设置如图 12.31 所示。

（2）单击"Calculate"按钮，进行计算。

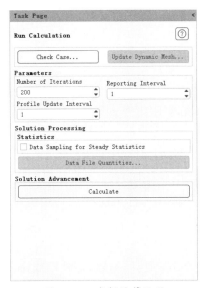

图 12.31　求解计算设置

12.5　结果处理及分析

在计算完成后，需要对计算结果进行后处理，下面将介绍如何创建截面、温度云图分析等。

12.5.1　创建分析截面

为了更好地进行结果分析，下面将依次创建分析截面 z=-14 及 x=-2.5，具体操作步骤如下。

（1）在工作界面左侧的"Results"下右击"Surface"选项，在弹出的快捷菜单中选择"New"→"Plane"命令，弹出"Plane Surface"对话框。在"Name"文本框中输入"z=-14"，在"Method"下拉列表框中选择"XY Plane"，在"Z（m）"文本框中输入"-14"，来创建分析截面 z=-14，如图 12.32 所示。

（2）在工作界面左侧的"Results"下右击"Surface"选项，在弹出的快捷菜单中选择"New"→"Plane"命令，弹出"Plane Surface"对话框。在"Name"文本框中输入"x=-2.5"，在

"Method"下拉列表框中选择"YZ Plane"选项，在"X（m）"文本框中输入"-2.5"，来创建分析截面 x=-2.5，如图 12.33 所示。

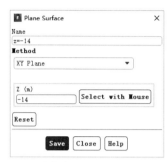

图 12.32　创建截面 z=-14 的设置

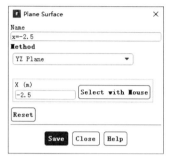

图 12.33　创建截面 x=-2.5 的设置

12.5.2 温度云图分析

温度分析在数据机房发热元件热仿真计算中是重中之重，因此，如何基于创建的分析截面进行温度分析，并得到温度分布规律就显得尤为重要。在分析截面创建完成后，下一步对分析截面的温度云图进行显示，其具体的操作步骤如下。

（1）双击工作界面左侧的"Graphics"选项，弹出"Graphics and Animations"（图形和动画）设置面板，如图 12.34 所示。

（2）双击"Graphics"下的"Contours"选项，弹出"Contours"设置对话框。在"Contour Name"文本框中输入"temperature-frt"，在"Options"栏下分别选中"Filled"和"Node Values"复选框，其他的按照图 12.35 所示进行选择，在"Contours of"下拉列表框中选择"Temperature"选项。

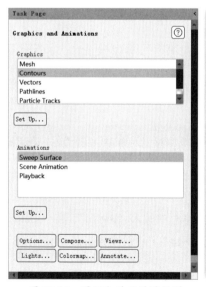

图 12.34　图形和动画结果设置

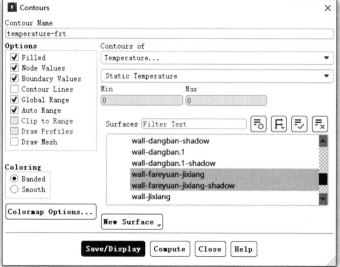

图 12.35　发热电子器件温度分布云图显示设置

单击 "Save/Display" 按钮，显示如图 12.36 所示的温度分布云图。

图 12.36　发热电子器件温度分布云图

（3）双击 "Graphics" 下的 "Contours" 选项，弹出 "Contours" 设置对话框。在 "Contour Name" 文本框中输入 "temperature-z-14"，在 "Options" 栏下分别选中 "Filled" 和 "Node Values" 复选框，其他的按照图 12.37 所示进行设置，在 "Contours of" 下拉列表框中选择 "Temperature" 选项。单击 "Save/Display" 按钮，显示如图 12.38 所示的温度分布云图。

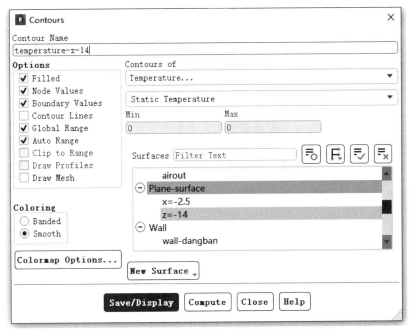

图 12.37　截面 z=-14 的温度分布云图显示设置

图 12.38　截面 z=−14 的温度分布云图

（4）双击"Graphics"下的"Contours"选项，弹出"Contours"设置对话框。在"Contour Name"文本框中输入"temperature-x-2.5"，在"Options"栏下分别选中"Filled"和"Node Values"复选框，其他的按照图 12.39 所示进行设置，在"Contours of"下拉列表框中选择"Temperature"选项。单击"Save/Display"按钮，显示如图 12.40 所示的温度分布云图。

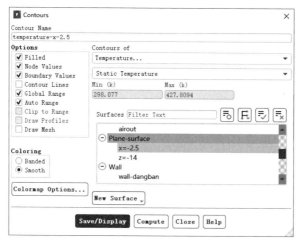

图 12.39　截面 x=−2.5 的温度分布云图显示设置

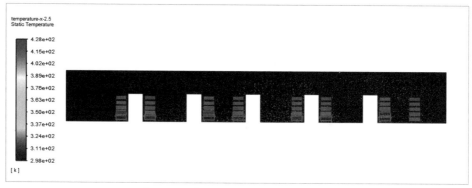

图 12.40　截面 x=−2.5 的温度分布云图

12.5.3 速度云图分析

速度场分布能够直观显示出数据机房内部空气的流动情况。因此如何对分析截面进行速度分析就显得尤为重要。在对分析截面进行温度云图分析完成后，下一步分析截面的速度云图显示，其具体的操作步骤如下。

（1）双击工作界面左侧的"Graphics"选项，弹出"Graphics and Animations"（图形和动画）设置对话框，如图 12.41 所示。

（2）双击"Graphics"下的"Contours"选项，弹出"Contours"设置对话框。在"Contour Name"文本框输入"velocity-z-14"，在"Options"栏下分别选中"Filled"和"Node Values"复选框，在"Contours of"下拉列表框中选择"Velocity"选项。如图 12.42 所示。

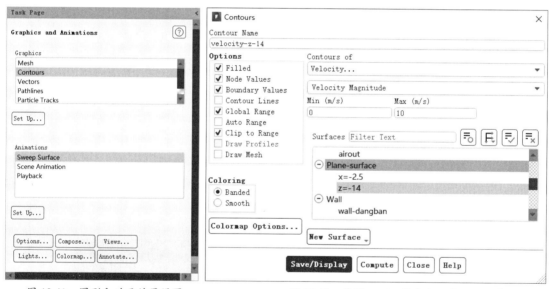

图 12.41 图形和动画结果设置　　　图 12.42 截面 z=-14 的速度云图显示设置

（3）单击"Save/Display"按钮，显示如图 12.43 所示的截面 z=-14 的速度云图。

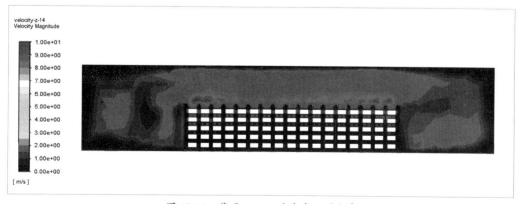

图 12.43 截面 z=-14 的速度云图分布

（4）双击"Graphics"下的"Contours"选项，弹出"Contours"设置对话框。在"Contour Name"文本框输入"velocity-x-2.5"，在"Options"栏下分别选中"Filled"和"Node Values"复选框，在"Contours of"下拉列表框中选择"Velocity"选项，如图 12.44 所示。单击"Save/Display"按钮，显示如图 12.45 所示的速度云图。

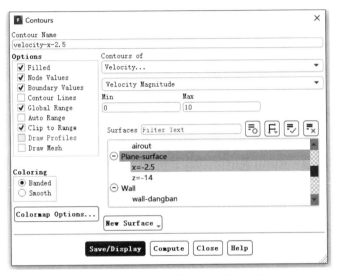

图 12.44　截面 x=-2.5 的速度云图显示设置

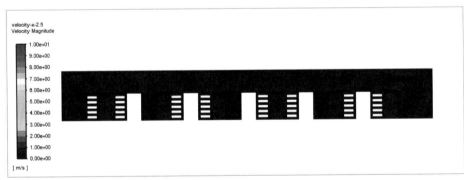

图 12.45　截面 x=-2.5 的速度云图

12.5.4　计算结果数据后处理分析

在完成温度云图及速度云图等定性分析后，如何基于计算结果进行定量分析也非常重要，计算结果数据定量分析的操作步骤如下。

（1）在工作界面左侧的"Results"下双击"Reports"选项，弹出"Reports"设置面板，如图 12.46 所示。

（2）在图 12.46 中双击"Surface Integrals"选项，弹出如图 12.47 所示的截面计算结果处理设置对话框。在"Report Type"下拉列表框中选择"Area-Weighted Average"（面平均）选项，在"Field Variable"下拉列表框中分别选择"Temperature"和"Static Temperature"选项,在"Surfaces"栏下选择"airout",单击"Compute"按钮,计算得出热风出口平均温度约为 299.54K。

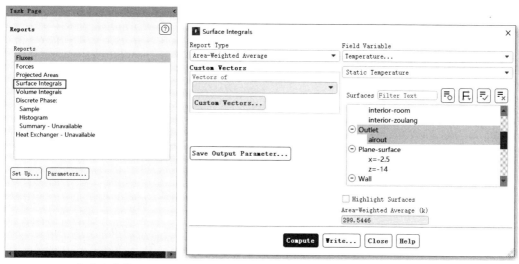

图 12.46　Fluent 中结果计算处理设置　　　　图 12.47　热风出口面平均温度计算

（3）在工作界面左侧的"Results"下双击"Reports"选项,弹出"Reports"设置面板,如图 12.48 所示。

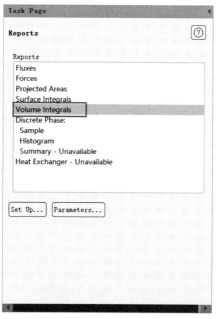

图 12.48　结果计算处理设置

（4）在图 12.48 中双击"Volume Integrals"选项,弹出如图 12.49 所示的流体域、固体域计算结果处理设置对话框。在"Report Type"栏下选中"Mass-Average"（质量平均）单选按钮,在

"Field Variable"下拉列表框中选择"Temperature"选项，在"Cell Zones"下选择"fareyuan"，单击"Compute"按钮，计算得出整个电子器件的平均温度约为359.36K。

图 12.49　发热电子器件平均温度计算结果

第 13 章
房间空调位置对舒适度影响的仿真研究

随着人们对美好生活品质的向往，家庭对空调的使用也越来越多，然而大多数时候空调的安装位置都比较随意，导致安装后使用的舒适度很低。对于建筑工作者而言，需要合理布置空调位置的理论支撑。因此，如何运用 Fluent 软件来进行定性、定量分析此类问题，就显得尤为重要。本章以某小区房间内温度及流场随时间的变化为例，介绍开启空调后如何对房间内温度场及流场进行仿真计算。

学习目标：

- 学习如何对空调进口进行简化处理设置
- 学习如何对非稳态计算结果进行数据分析

注意：本章内容涉及非稳态计算等效处理设置，仿真时需要重点关注。

13.1 案例简介

本案例以某小区房间的温度及流场随时
间变化为研究对象，几何模型如图 13.1 所示。
其中空调布置在房间正中间，进风口及回风
口如图 13.1 所示，其余为假设绝热墙面，应
用 Fluent 2020 软件对某小区房间内温度及流
场随时间变化进行分析。

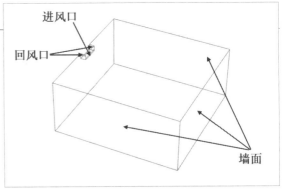

图 13.1　房间内温度及流场随时间变化分析几何模型

13.2 软件启动及网格导入

运行 Fluent 软件，并进行网格导入，具体操作步骤如下。

（1）在桌面中双击"Fluent 2020"快捷方式图标，启动 Fluent 2020 软件；或在"开始"菜单
下选择"所有程序"→"ANSYS 2020"→"Fluent 2020"命令，进入 Fluent Launcher 界面。

（2）在"Fluent Launcher"界面中的"Dimension"选项中选中"3D"单选按钮，在"Options"
栏下分别选中"Double Precision"和"Display Mesh After Reading"复选框。单击"Show More
Options"，在"General Options"选项卡下的"Working Directory"处选择工作目录，如图 13.2 所示，
单击"OK"按钮进入 Fluent 主界面。

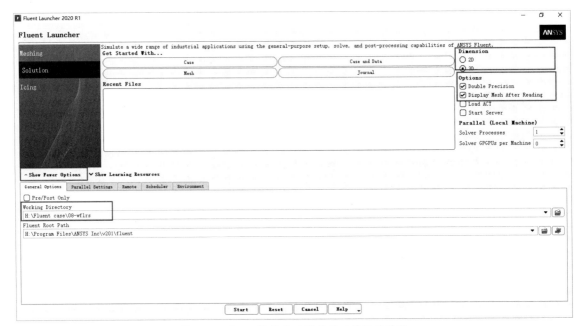

图 13.2　Fluent 软件启动界面及工作目录选取

（3）在 Fluent 主界面中，选择"File"→"Read"→"Mesh"命令，弹出网格导入的"Select File"对话框，选择名称为"ktbz.msh"的网格文件，单击"OK"按钮便可导入网格。

（4）导入网格后，在图形显示区将显示几何模型。

13.3　模型、材料及边界条件设置

13.3.1　总体模型设置

网格导入成功后，下一步对 General 总体模型进行设置，具体操作步骤如下。

（1）在工作界面左侧的"Setup"下双击"General"选项，弹出"General"（总体模型）设置面板，如图 13.3 所示。

（2）在图 13.3 中的"Mesh"栏下单击"Scale"按钮，检查网格尺寸大小。具体操作如图 13.4 所示。

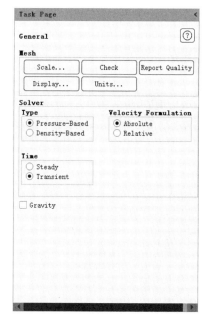

图 13.3　General 总体模型设置

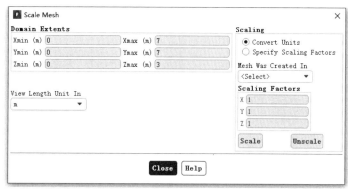

图 13.4　Fluent 中 Mesh 网格尺寸大小检查设置

（3）在图 13.3 中的"Mesh"栏下单击"Check"按钮，进行网格检查，检查网格划分是否存在问题，如图 13.5 所示。

```
Console                                                            ⊗ ‹
   z-coordinate: min (m) = 0.000000e+00, max (m) = 3.000000e+00
 Volume statistics:
   minimum volume (m3): 7.714286e-05
   maximum volume (m3): 7.600840e-03
     total volume (m3): 1.469100e+02
 Face area statistics:
   minimum face area (m2): 4.000000e-04
   maximum face area (m2): 3.941176e-02
 Checking mesh.........................
 Done.
```

图 13.5　Fluent 中 Mesh 网格检查设置

（4）在图 13.3 中的"Mesh"栏下单击"Report Quality"按钮，查看网格质量，数值越趋于 1，网格质量越好，如图 13.6 所示。

```
Console                                                            ⊗ ‹
 Mesh Quality:

 Minimum Orthogonal Quality = [ 1.00000e+00 ] cell -1 on zone -1 (ID: 0 on partition: 0)
 at location ( 0.00000e+00  0.00000e+00  0.00000e+00)
 (To improve Orthogonal quality , use "Inverse Orthogonal Quality" in Fluent Meshing,
 where Inverse Orthogonal Quality = 1 - Orthogonal Quality)

 Maximum Aspect Ratio = 1.40741e+01 cell 57738 on zone 2 (ID: 57739 on partition: 0)
 at location ( 6.70441e+00  1.10000e+00  2.77000e+00)
```

图 13.6　Fluent 中 Mesh 网格质量检查

（5）在图 13.3 中的"Solver"栏中的"Type"下选中"Pressure-Based"单选按钮，即选择基于压力求解；在"Time"下选中"Transient"单选按钮，即进行非稳态计算。

（6）其他选项保持默认设置，如图 13.3 所示。

（7）在工作界面中选择"Physics"→"Solver"→"Operating Conditions"命令，弹出如图 13.7 所示的"Operating Conditions"（操作压力重力条件）设置对话框，单击"OK"按钮进行确认。

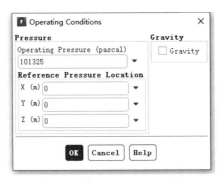

图 13.7　操作压力及密度设置

13.3.2　物理模型设置

General 总体模型设置完成后，接下来对物理模型设置进行仿真计算。通过对房间内温度及流场随时间变化分析可知，需要设置能量方程及气体流动模型，通过计算内部雷诺数，判断模型内部气体的流动状态为湍流状态，具体操作步骤如下。

（1）在工作界面左侧的"Setup"下双击"Models"选项，弹出"Models"（物理模型）设置面板。

（2）双击"Models"下的"Energy"，打开"Energy"对话框，选中"Energy Equation"能量方程复选框，如图 13.8 所示。

（3）双击"Models"下的"Viscous"选项，打开"Viscous Model"设置对话框，进行湍流流动模型设置。在"Models"栏下选中"k-epsilon（2 eqn）"单选按钮，在"k-epsilon Model"下选中"Standard"单选按钮，其余参数保持默认设置，如图 13.9 所示。单击"OK"按钮保存设置。

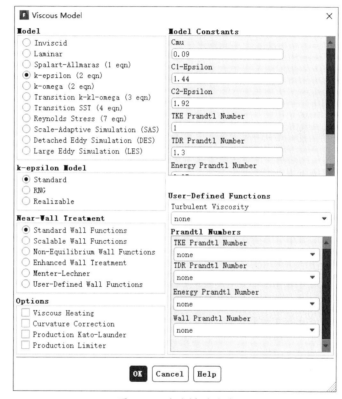

图 13.8　能量方程设置　　　　　　　　图 13.9　湍流模型设置

13.3.3　材料设置

对 Model 物理模型设置完成后，下一步进行材料属性的设置。

（1）在工作界面左侧的"Setup"下双击"Materials"选项，弹出"Materials"（材料属性）设置面板，如图 13.10 所示。

275

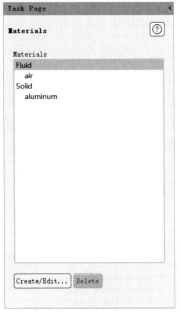

图 13.10　材料属性设置

（2）在图 13.10 中的"Materials"栏下双击"Fluid"下的"air"选项，打开"Create/Edit Materials"对话框，对 air 材料进行设置，参数保持默认设置，单击"Change/Create"按钮保存设置，如图 13.11 所示。

图 13.11　空气材料属性设置

（3）在图 13.10 中的"Materials"栏下双击"Solid"下的"aluminum"选项，弹出"Create/Edit Materials"设置对话框，参数保持默认设置，单击"Change/Create"按钮保存设置，如图 13.12 所示。

图 13.12　铝材料属性设置

13.3.4　计算域设置

对材料属性进行设置后，下一步对计算域内的材料属性进行设置。通过问题分析可知，发热电子器件的材料为 cu。因此需要进行定义，具体操作设置步骤如下。

（1）在工作界面左侧的"Setup"下双击"Cell Zone Conditions"选项，弹出"Cell Zone Conditions"设置面板，如图 13.13 所示。

图 13.13　计算域内材料设置

（2）在图 13.13 中的"Zone"下双击"fluid"选项，弹出如图 13.14 所示的"Fluid"（流体域）设置对话框。在"Materials Name"下拉列表框中选择"air"选项，其余的保持默认设置，单击

"OK"按钮，保存流域内材料属性设置。

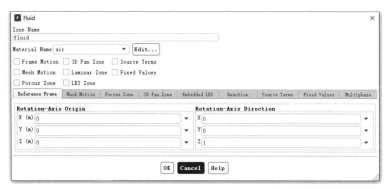

图 13.14　流体域内材料设置

13.3.5　边界条件设置

对计算域内的材料设置完成后，下一步对边界条件进行设置。

（1）在工作界面左侧的"Setup"下双击"Boundary Conditions"选项，弹出"Boundary Conditions"（边界条件）设置面板，如图 13.15 所示。

（2）在图 13.15 中的"Zone"下双击"airin"选项，弹出"Velocity Inlet"对话框，对冷风入口"airin"进行设置。在"Velocity Specification Method"下拉列表框中选择"Magnitude, Normal to Boundary"，在"Velocity Magnitude（m/s）"选项文本框中输入"2.5"，在"Turbulence"栏下的"Specification Method"下拉列表框中选择"Intensity and Viscosity Ratio"选项，在"Turbulent Intensity"选项文本框中输入"10"，在"Turbulent Viscosity Ratio"选项文本框中输入"10"，其余参数保持默认设置，如图 13.16 所示。

图 13.15　边界条件设置

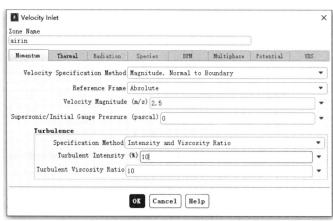

图 13.16　冷风入口边界速度设置

选择"Thermal"选项卡，在"Temperature"选项文本框中输入"298.15"，如图 13.17 所示。

图 13.17　冷风入口边界温度设置

（3）在图 13.15 中的"Zone"下双击"airout"选项，弹出"Outflow"对话框，对热风出口"airout"进行设置，参数保持默认设置，如图 13.18 所示。

图 13.18　热风出口边界设置

（4）在图 13.15 中的"Zone"下双击"wall"选项，弹出"Wall"设置对话框，在"Thermal Conditions"选项中选中"Heat Flux"单选按钮，在"Heat Flux"选项文本框中输入"0"，其余参数保持默认设置，如图 13.19 所示。

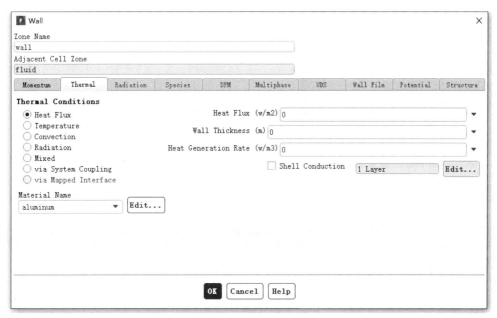

图 13.19　房间墙面边界设置

13.4 求解设置

13.4.1 求解方法及松弛因子设置

对边界条件设置完之后，则下一步对求解方法及松弛因子进行设置。

（1）在工作界面左侧的"Solution"下双击"Methods"选项，弹出"Solution Methods"（求解方法）设置面板。在"Scheme"下拉列表框中选择"SIMPLE"算法，在"Gradient"下拉列表框中选择"Least Squares Cell Based"选项，在"Pressure"下拉列表框中选择"Standard"选项，动量选择二阶迎风，湍动能及耗散能选择一阶迎风进行离散计算，其余按如图 13.20 所示进行设置。

（2）在工作界面左侧的"Solution"下双击"Controls"选项，弹出"Solution Controls"（松弛因子）设置面板，参数设置如图 13.21 所示。

图 13.20　模型求解方法参数设置

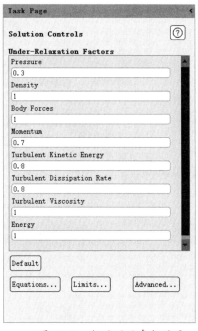

图 13.21　松弛因子参数设置

13.4.2 求解过程监测设置

对求解方法及松弛因子设置完之后，下一步进行求解过程监测设置。

（1）在工作界面左侧的"Solution"下双击"Monitors"下的"Residual"选项，弹出"Residual Monitors"（残差计算曲线）设置对话框。在"Iterations to Plot"选项文本框中输入"1000"，在"Iterations to Store"选项文本框中输入"1000"，连续性方程、速度等收敛精度保持默认为"0.001"，能量方式收敛精度默认为"1e-06"，如图 13.22 所示。

（2）单击"OK"按钮，保存计算残差曲线的设置。

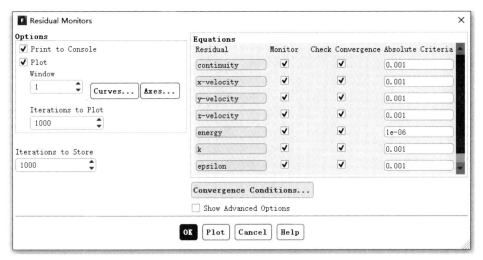

图 13.22　残差曲线监测设置

13.4.3　参数初始化设置

对求解过程监测设置完之后，下一步进行参数初始化设置。

（1）在工作界面左侧的"Solution"下双击"Initialization"选项，弹出"Solution Initialization"（参数初始化）设置面板，在"Initialization Methods"栏下选中"Hybrid Initialization"单选按钮，如图 13.23 所示。

（2）单击"Initialize"按钮，对整个设置进行参数初始化。

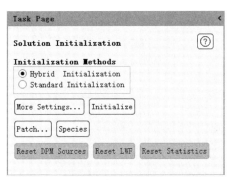

图 13.23　参数初始化设置

（3）初始化之后，要进行计算区域温度的初始化。单击"Patch"按钮，弹出如图 13.24 所示的"Patch"设置对话框，在"Variable"下选择"Temperature"选项，在"Zones to Patch"下选择"fluid"选项，在"Value"文本框中输入"283.15"。单击"Patch"按钮，完成房间区域内温度的初始化设置。

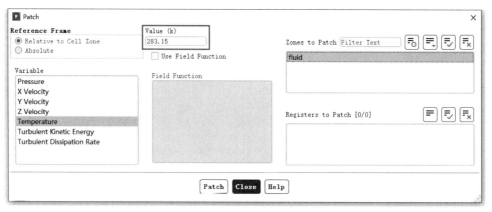

图 13.24　房间内温度初始化设置

13.4.4　输出保存设置文件

在对参数初始化设置完成后，进行文件保存设置。

（1）在工作界面中选择"File"→"Write"→"Case"命令，如图 13.25 所示。将设置好的 Case 文件保存在工作目录下。

（2）在工作界面中选择"File"→"Write"→"Autosave"命令，打开如图 13.26 所示的对话框。在"Save Data File Every"选项文本框中输入"40"（代表 120s 自动保存一次计算结果），在右侧下拉列表框中选择"Time Steps"选项，在"File Name"处选择刚刚保存的 Case 文件，单击"OK"按钮保存设置。

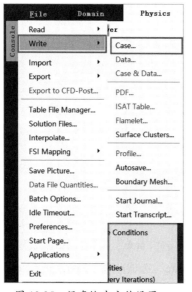

图 13.25　保存输出文件设置

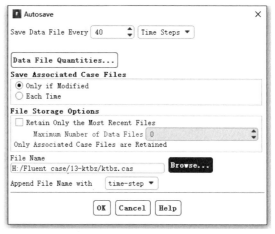

图 13.26　自动保存输出文件设置

13.4.5　求解计算设置

在参数初始化设置完之后，下一步进行求解计算设置。

（1）在工作界面左侧的"Solution"下双击"Run Calculation"选项，弹出"Run Calculation"（求解计算）设置面板。首先单击"Check Case"按钮，对整个 Case 文件中的设置过程进行检查，看是否存在问题。

（2）非稳态计算，需要设置非稳态时间计算步长及计算步数，在"Time Step Size（s）"选项文本框中输入"3"，在"Number of Times Steps"选项文本框中输入"600"，其他参数设置如图 13.27 所示。

（3）单击"Calculate"按钮，对整个设置的 Case 文件进行计算。

图 13.27　非稳态求解计算设置

13.5　结果处理及分析

在计算完成后，需要对计算结果进行处理及分析，下面将介绍如何创建截面，并对速度云图、温度云图显示及数据后处理进行分析等。

13.5.1　创建分析截面

为了更好地进行结果分析，下面将依次创建分析截面 y=3.5 及 x=3.5，具体操作步骤如下。

（1）在工作界面左侧的"Results"下右击"Surface"选项，在弹出的快捷菜单中选择"New"

→ "Plane" 命令，弹出 "Plane Surface" 对话框。在 "Name" 文本框中输入 "y=3.5"，在 "Method" 下拉列表框中选择 "ZX Plane"，在 "Y（m）" 文本框输入 "3.5"，创建分析截面 y=3.5，如图 13.28 所示。

（2）在工作界面左侧的 "Results" 下右击 "Surface" 选项，选择 "New" → "Plane" 命令，弹出 "Plane Surface" 对话框。在 "Name" 文本框中输入 "x=3.5"，在 "Method" 下拉列表框中选择 "YZ Plane"，在 "X（m）" 文本框中输入 "3.5"，创建分析截面 x=3.5，如图 13.29 所示。

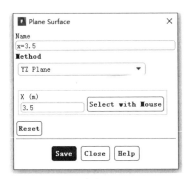

图 13.28　创建截面 y=3.5 设置　　　　图 13.29　创建截面 x=3.5 设置

13.5.2 温度云图分析

温度分布会影响房间内部人体感知的舒适度，是房间空调布置仿真计算的关键。因此，如何基于创建的分析截面进行温度分析，并找出最优的空调布置位置，就显得尤为重要。在分析截面创建完成后，下一步分析截面的温度云图显示，其具体的操作步骤如下。

（1）因为是非稳态计算，首先分析 ktbz-40.dat 的自动保存数据，即时长为 120s 的数据，导入计算结果的步骤如图 13.30 所示。

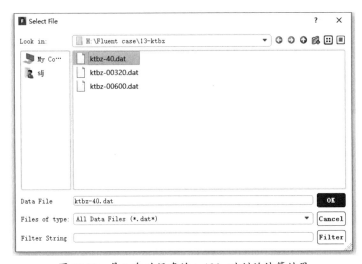

图 13.30　导入自动保存的 t=120s 时刻的计算结果

（2）双击工作界面左侧的"Graphics"选项，弹出"Graphics and Animations"（图形和动画）设置面板，如图 13.31 所示。

（3）双击"Graphics"下的"Contours"选项，弹出"Contours"设置对话框。在"Contour Name"文本框中输入"temperature-y-3.5"，在"Options"栏下分别选中选择"Filled"和"Node Values"复选框，其他的按照图 13.32 所示进行设置，在"Contours of"下选择"Temperature"选项。单击"Save/Display"按钮，显示如图 13.33 所示的温度分布云图。

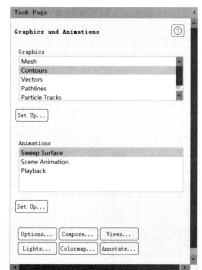

图 13.31　图形和动画结果设置

图 13.32　t=120s 时刻截面 y=3.5 的温度分布云图显示设置

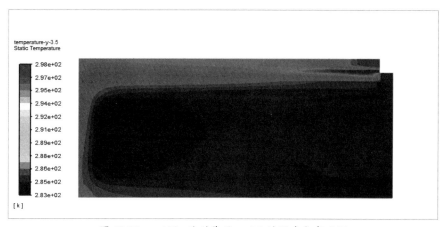

图 13.33　t=120s 时刻截面 y=3.5 的温度分布云图

（4）双击"Graphics"下的"Contours"选项，弹出"Contours"设置对话框。在"Contour Name"文本框中输入"temperature-x-3.5"，在"Options"栏下分别选中"Filled"和"Node Values"复选框，其他的按照图 13.34 所示进行设置，在"Contours of"下拉列表框中选择"Temperature"选项。单击"Save/Display"按钮，显示如图 13.35 所示的温度分布云图。

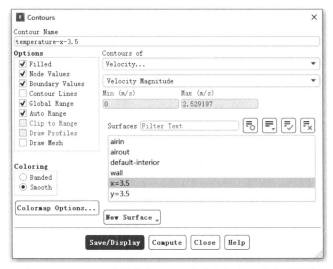

图 13.34　t=120s 时刻截面 x=3.5 的温度分布云图显示设置

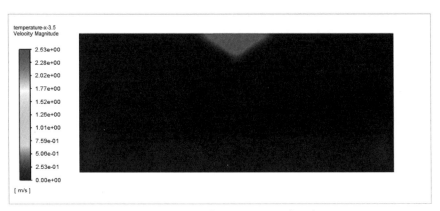

图 13.35　t=120s 时刻截面 x=3.5 的温度分布云图

（5）继续导入保存时间为 ktbz-600.dat 的计算结果，即 t=1800s 时刻的数据，如图 13.36 所示。

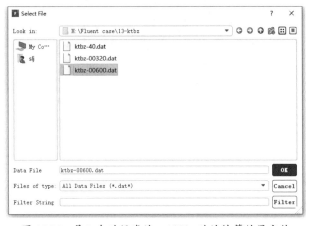

图 13.36　导入自动保存的 t=1800s 时的计算结果文件

（6）双击"Graphics"下的"Contours"选项，弹出"Contours"设置对话框。在"Contour Name"文本框中输入"temperature-y-3.5"，在"Options"栏下分别选中"Filled"和"Node Values"复选框，其他的按照图 13.37 所示进行设置，在"Contours of"下拉列表框中选择"Temperature"选项。单击"Save/Display"按钮，显示如图 13.38 所示的温度分布云图。

图 13.37　t=1800s 时刻截面 y=3.5 的温度分布云图显示设置

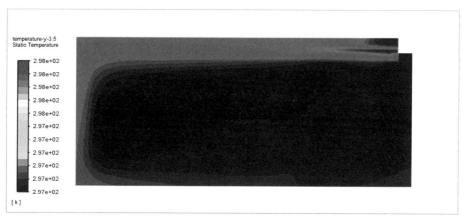

图 13.38　t=1800s 时刻截面 y=3.5 的温度分布云图

（7）双击"Graphics"下的"Contours"选项，弹出"Contours"设置对话框。在"Contour Name"文本框中输入"temperature-all"，在"Options"栏下分别选中"Filled"和"Node Values"复选框，其他的按照图 13.39 所示进行设置，在"Contours of"下拉列表框中选择"Temperature"选项。单击"Save/Display"按钮，显示如图 13.40 所示的温度分布云图。

图 13.39　t=1800s 时刻房间内温度分布云图显示设置

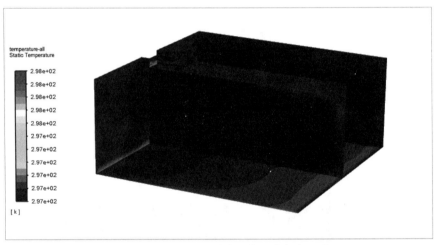

图 13.40　t=1800s 时刻房间内温度分布云图

13.5.3 速度云图分析

　　房间内速度场分布直观显示出房间内部空气的流动情况，因此如何对分析截面进行速度分析就显得尤为重要。在分析截面温度云图分析完成后，下一步对分析截面的速度云图进行显示，其具体的操作步骤如下。

　　（1）双击工作界面左侧的"Graphics"选项，弹出"Graphics and Animations"（图形和动画）设置面板，如图 13.41 所示。

　　（2）双击"Graphics"下的"Contours"选项，弹出"Contours"设置对话框。在"Contour

Name"文本框中输入"velocity-y-3.5",在"Options"栏下分别选中"Filled"和"Node Values"复选框,在"Contours of"下拉列表框中选择"Velocity"选项。如图 13.42 所示。单击"Save/Display"按钮,显示如图 13.43 所示的截面 y=3.5 的速度云图。

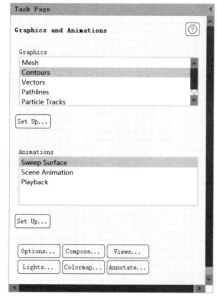

图 13.41　图形和动画结果设置

图 13.42　t=1800s 时刻截面 y=3.5 的速度分布云图显示设置

图 13.43　t=1800s 时刻截面 y=3.5 的速度分布云图

（3）双击"Graphics"下的"Contours"选项,弹出"Contours"设置对话框。在"Contours Name"文本框中输入"velocity-all",在"Options"栏下分别选中"Filled"和"Node Values"复选框,其他的按照图 13.44 所示进行设置,在"Contours of"下拉列表框中选择"Velocity"选项。单击"Save/Display"按钮,显示如图 13.45 所示的温度分布云图。

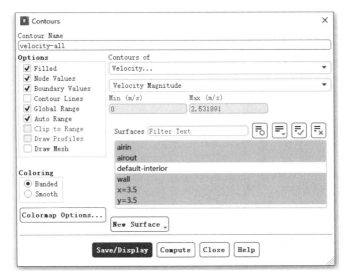

图 13.44　t=1800s 时刻房间内速度分布云图显示设置

图 13.45　t=1800s 时刻房间内速度分布云图

13.5.4　计算结果数据后处理分析

在完成温度云图及速度云图的定性分析后，要对计算结果数据进行后处理分析。如何基于计算结果进行定量分析也非常重要，计算结果数据定量分析的操作步骤如下。

（1）在工作界面左侧的"Results"下双击"Reports"选项，弹出"Reports"设置对话框，如图 13.46 所示。

（2）在图 13.46 中双击"Surface Integrals"选项，弹出如图 13.47 所示的截面计算结果处理设置面板，在"Report Type"下选择"Area-Weighted Average"（面平均），在"Field Variable"下选择"Temperature"选项，在"Surface"选项处选择"airout"选项，单击"Compute"按钮，计算得出出口平均温度约为 296.85K。

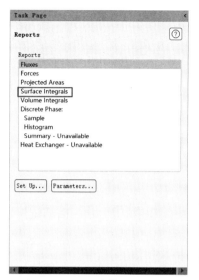

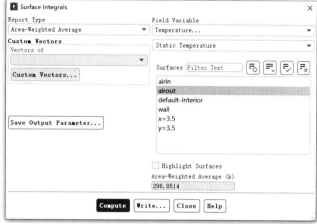

图 13.46　结果计算处理设置　　　　　　图 13.47　出口面平均温度计算结果

（3）在工作界面左侧的"Results"下双击"Reports"选项，弹出"Reports"设置面板，如图 13.48 所示。

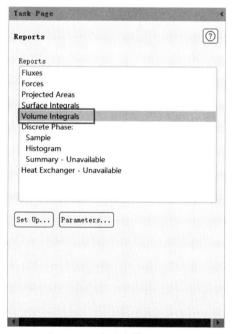

图 13.48　结果计算处理设置

（4）在图 13.48 中双击"Volume Integrals"选项，弹出如图 13.49 所示的流体域计算结果处理设置对话框。在"Report Type"下选中"Volume-Average"（体积平均）单选按钮，在"Field Variable"下拉列表框中选择"Temperature"选项，在"Cell Zones"下选择"fluid"选项，单击"Compute"按钮，计算得出房间的平均温度约为 296.86K。

图 13.49　房间平均温度计算结果

第14章

大空间内气体污染物扩散仿真分析研究

　　目前大型建筑物的数量越来越多，出现室内气体污染物扩散的情况也越来越多。例如，输送燃气管道泄漏等气体污染，便是属于此类问题。因此如何运用 Fluent 软件来对污染物扩散来进行定性、定量分析的问题就显得尤为重要。本章以大空间内气体污染物扩散分析为例，介绍如何对大空间内气体污染物扩散进行仿真计算。

学习目标：

● 学习如何运用组分输送模型进行气态污染物扩散设置
● 学习如何进行非稳态仿真计算及数据处理设置

　　注意：本章内容涉及非稳态及气态组分输送模型等效处理设置，仿真时需要重点关注。

14.1 案例简介

本案例以大空间内气体污染物扩散分析为研究对象，几何模型如图 14.1 所示。其中污染物进口在大空间内柜子角落，空气进口及出口如图 14.1 所示，其余为假设绝热墙面，应用 Fluent 2020 软件进行大空间内气体污染物扩散分析。

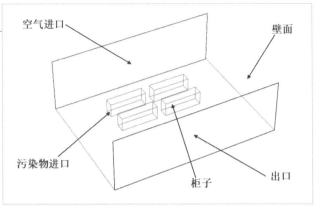

图 14.1 大空间内污染物扩散分析几何模型

14.2 软件启动及网格导入

运行 Fluent 软件，并进行网格导入，具体操作步骤如下。

（1）在桌面中双击"Fluent 2020"快捷方式图标，启动 Fluent 2020 软件；或在"开始"菜单中选择"所有程序"→"ANSYS 2020"→"Fluent 2020"命令，进入"Fluent Launcher"界面。

（2）在"Fluent Launcher"界面中的"Dimension"下选中"3D"单选按钮，在"Options"栏下分别选中"Double Precision"和"Display Mesh After Reading"复选框。单击"Show More Options"选项，在"General Options"选项卡中"Working Directory"下选择工作目录，如图 14.2 所示，单击"Start"按钮进入 Fluent 主界面。

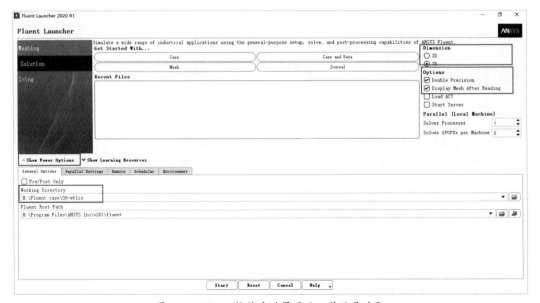

图 14.2 Fluent 软件启动界面及工作目录选取

（3）在 Fluent 主界面中，选择"File"→"Read "→" Mesh"命令，弹出网格导入的"Select File"对话框，选择名称为"wrwks.msh"的网格文件，单击"OK"按钮便可导入网格。

（4）导入网格后，在图形显示区将显示几何模型。

14.3　模型、材料及边界条件设置

14.3.1　总体模型设置

网格导入成功后，下一步对 General 总体模型进行设置，具体操作步骤如下。

（1）在工作界面左侧的"Setup"下双击"General"选项，弹出"General"（总体模型）设置面板，如图 14.3 所示。

（2）在图 14.3 中单击"Mesh"栏下的"Scale"按钮，检查网格尺寸大小，如图 14.4 所示。

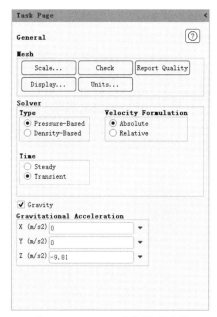

图 14.3　General 总体模型设置

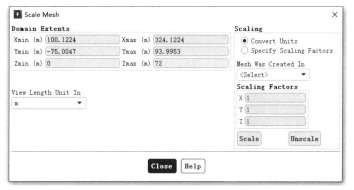

图 14.4　Mesh 网格尺寸大小检查设置

（3）在图 14.3 中单击"Mesh"栏下的"Check"按钮，进行网格检查，检查网格划分是否存在问题，如图 14.5 所示。

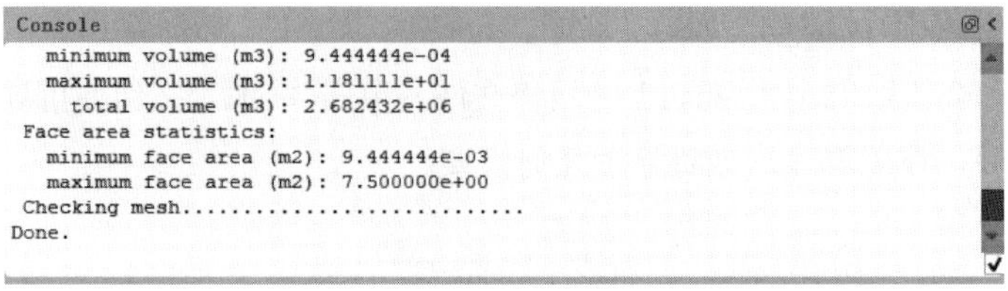

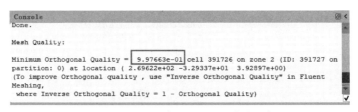

图 14.5　Mesh 网格检查设置

（4）在图 14.3 中单击"Mesh"栏下的"Report Quality"按钮，查看网格质量，数值越趋于 1，网格质量越好，如图 14.6 所示。

Mesh Quality:

Minimum Orthogonal Quality = 9.97663e-01 cell 391726 on zone 2 (ID: 391727 on partition: 0) at location (2.69622e+02 -3.29337e+01 3.92897e+00)
(To improve Orthogonal quality , use "Inverse Orthogonal Quality" in Fluent Meshing,
 where Inverse Orthogonal Quality = 1 - Orthogonal Quality)

图 14.6　Fluent 中 Mesh 网格质量检查

（5）在图 14.3 中的"Solver"栏中，在"Type"下选中"Pressure-Based"单选按钮，即选择基于压力求解；在"Time"下选中"Transient"单选按钮，即进行非稳态计算。

（6）其他选项保持默认设置，如图 14.3 所示。

（7）在工作界面中选择"Physics"→"Solver"→"Operating Conditions"命令，弹出如图 14.7 所示的"Operating Conditions"（操作压力重力条件）设置对话框，选中"Gravity"复选框，在"Z（m/s2）"选项文本框中输入"-9.81"，单击"OK"按钮进行确认。

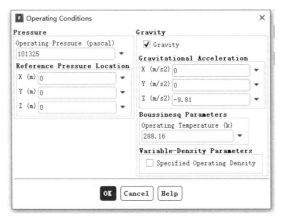

图 14.7　操作压力设置

14.3.2　物理模型设置

对 General 总体模型设置完成后，接下来进行仿真计算物理模型设置。通过对大空间内污染物扩散分析可知，需要设置能量方程、气体流动模型及组分输送模型。通过计算气体进口雷诺数，判断大空间内气体的流动状态为湍流状态，具体操作步骤如下。

（1）在工作界面左侧的"Setup"下双击"Models"选项，弹出"Models"（物理模型）设置面板。

（2）双击"Models"下的"Energy"选项，打开"Energy"对话框，选中"Energy Equation"复选框，如图 14.8 所示。

图 14.8　能量方程设置

（3）双击"Models"下的"Viscous"选项，打开"Viscous Model"设置对话框，进行湍流流动模型设置。在"Model"栏下选中"k-epsilon（2 eqn）"单选按钮，在"k-epsilon Model"下选中"Standard"单选按钮，其余参数如图 14.9 所示保持默认，单击"OK"按钮保存设置。

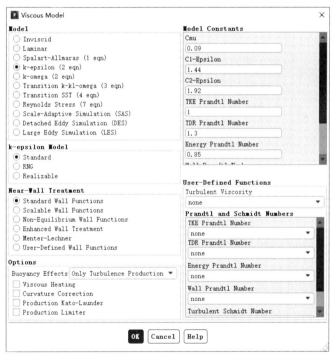

图 14.9　湍流模型设置

（4）双击"Models"下的"Species（Species Transport）"选项，打开"Species Model"设置对话框，进行组分输送模型设置。在"Model"中选中"Species Transport"单选按钮，在"Options"栏下分别选中"Inlet Diffusion"和"Diffusion Energy Source"复选框，其余参数保持默认设置，如图 14.10 所示。

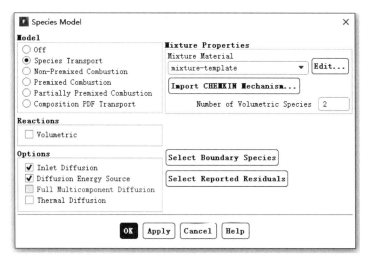

图 14.10　组分输送模型设置

14.3.3　材料设置

对"Model"物理模型进行设置后，下一步对材料属性进行设置。

（1）在工作界面左侧的"Setup"下双击"Materials"选项，弹出"Materials"（材料属性）设置面板，如图 14.11 所示。

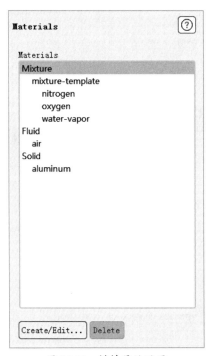

图 14.11　材料属性设置

（2）在图 14.11 中的"Materials"栏下双击"Fluid"中的"air"选项，打开"Create/Edit Materials"对话框，对 air 材料进行设置，如图 14.12 所示。然后单击"Change/Create"按钮保存设置。

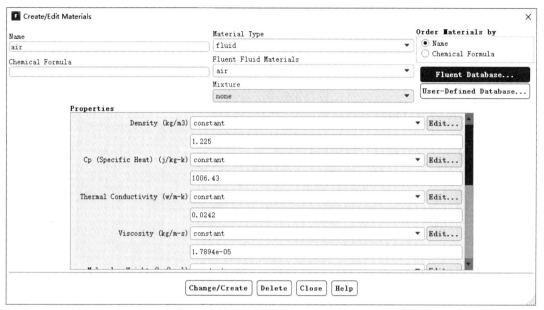

图 14.12　空气材料属性设置

（3）在图 14.12 所示的对话框中单击"Fluent Database"按钮，弹出"Fluent Database Materials"设置对话框，在"Fluent Fluid Materials"下拉列表框中选择"toluene-vapor（c7h8）选项"，单击"Copy"按钮，实现新增甲苯气体材料。

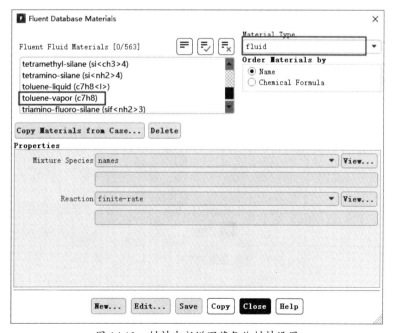

图 14.13　材料中新增甲苯气体材料设置

（4）双击"Materials"下的"mixture-template"，弹出"Create/Edit Materials"设置对话框，在"Properties"栏下单击"Mixture Species"右侧的"Edit"按钮，如图 14.14 所示。

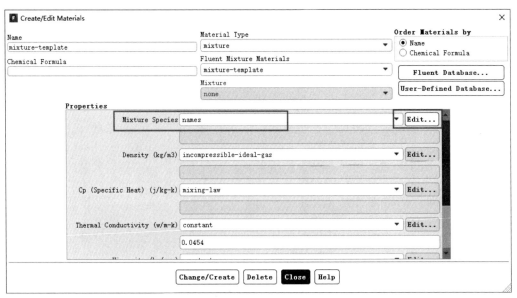

图 14.14　修改混合组分设置

（5）在弹出的"Species"栏设置对话框中，将"air"和"c7h8"两种气体添加至 mixture-template 中，将之前的其他材料删除，这样就可以实现混合物中只有空气和甲苯两种物质，如图 14.15 所示。

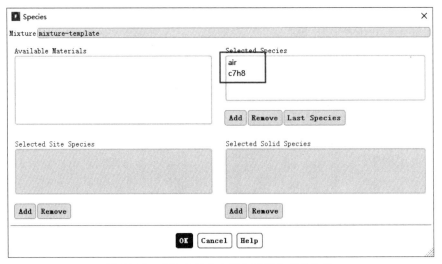

图 14.15　在混合组分中添加甲苯和空气设置

（6）双击"Solid"下的"aluminum"选项，弹出"Create/Edit Materials"设置对话框，参数保持默认设置，单击"Change/Create"按钮，如图 14.16 所示。

图 14.16　铝材料属性设置

14.3.4 计算域设置

在材料属性设置完成后，对计算域内的材料属性进行设置。通过问题分析可知，大空间内为污染物气体及空气的混合物，具体操作设置如下。

（1）在工作界面左侧的"Setup"下双击"Cell Zone Conditions"选项，弹出"Cell Zone Conditions"设置面板，如图 14.17 所示。

图 14.17　计算域内材料设置

（2）在图 14.17 中的"Zone"下双击"fluid"，弹出如图 14.18 所示的"Fluid"（流体域）设置对话框。在"Materials Name"下选择"mixture-template"选项，其余参数保持默认设置，单击"OK"按钮保存流域内材料属性设置。

图 14.18　流体域内材料设置

14.3.5 边界条件设置

对计算域内材料设置完成后，下一步进行边界条件的设置。

（1）在工作界面左侧的"Setup"下双击"Boundary Conditions"选项，弹出"Boundary Conditions"（边界条件）设置面板，如图 14.19 所示。

图 14.19　边界条件设置

（2）双击"Velocity_inlet"选项，弹出"Velocity Inlet"对话框，对空气入口 velocity_inlet 进行设置。在"Velocity Specification Method"下拉列表框中选择"Magnitude，Normal to Boundary"选项，在"Velocity Magnitude（m/s）"选项文本框中输入"2.5"，在"Turbulence"栏下的"Specification Method"下选择"Intensity and Hydraulic Diameter"选项，在"Turbulent Intensity"选项文本框中输入"10"，在"Hydraulic Diameter"选项文本框中输入"54"，其余参数保持默认设置，如图 14.20 所示。

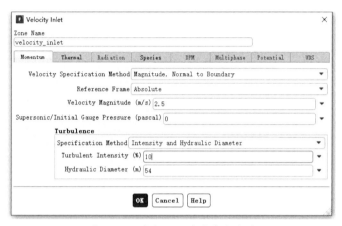

图 14.20　空气入口边界速度设置

选择"Thermal"选项卡，在"Temperature"选项文本框中输入"300"，如图 14.21 所示。

图 14.21　空气入口边界温度设置

选择"Species"选项卡，在"air"选项文本框中输入"1"，如图 14.22 所示。

图 14.22　空气入口空气质量分数设置

（3）双击"mass_flow_inlet"选项，弹出污染物"Mass_Flow Inlet"设置对话框。在"Mass Flow Rate（kg/s）"选项文本框中输入"0.0011"，在"Turbulence"栏下的"Specification Method"选项下选择"Intensity and Hydraulic Diameter"，在"Turbulent Intensity"选项文本框中输入"10"，在"Hydraulic Diameter"选项文本框中输入"0.15"，其余参数保持默认设置，如图14.23所示。

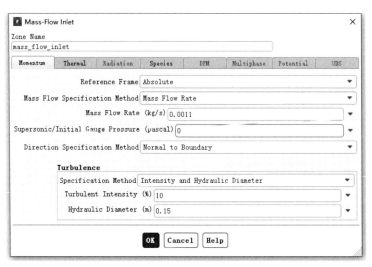

图 14.23　污染物入口质量流量数值设置

选择"Thermal"选项卡，在"Total Temperature"选项文本框中输入"300"，如图14.24所示。

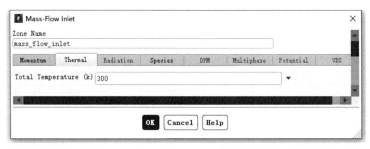

图 14.24　污染物入口温度数值设置

选择"Species"选项卡，在"air"选项文本框中输入"0"，如图14.25所示。

图 14.25　污染物入口质量分数设置

（4）在图 14.19 中的"Zone"下双击"outlet"选项，弹出"Pressure Outlet"对话框，对出口 outlet 进行设置。在"Gauge Pressure（pascal）"选项文本框中输入"0"，在"Turbulence"栏中的"Specification Method"下选择"Intensity and Hydraulic Diameter"选项，在"Backflow Turbulent Intensity"选项文本框中输入"10"，在"Backflow Hydraulic Diameter"选项文本框中输入"54"，其余参数保持默认，如图 14.26 所示。

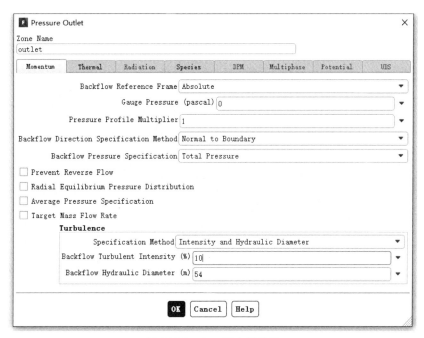

图 14.26　出口压力值设置

选择"Species"选项卡，在"air"选项文本框中输入"1"，如图 14.27 所示。

图 14.27　出口回流组分质量分数设置

（5）在图 14.19 中的"Zone"下双击"wall"，弹出"Wall"设置对话框。在"Thermal Conditions"栏中选中"Heat Flux"单选按钮，在"Heat Flux"选项文本框输入"0"，其余参数保持默认设置，如图 14.28 所示。

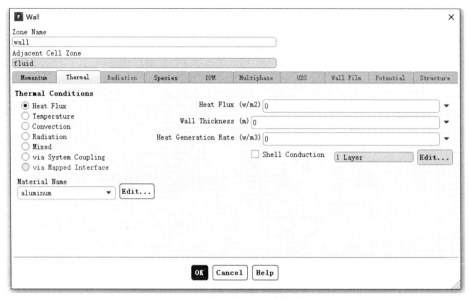

图 14.28　大空间墙面边界条件设置

（6）在图 14.19 中的"Zone"下右击"wall"，在弹出的快捷菜单中选择"Copy"命令，弹出如图 14.29 所示的"Copy Conditions"设置对话框。在"From Boundary Zone"下选择"wall"，在"To Boundary Zones"下选择如图 14.29 所示的面，其余参数保持默认设置，则可以实现对相同边界条件进行批量化设置，单击"Copy"按钮进行保存设置。

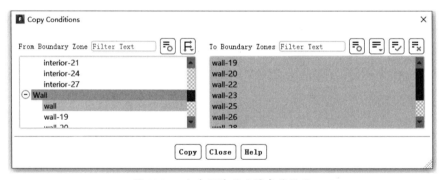

图 14.29　大空间墙面边界条件设置

14.4 求解设置

14.4.1 求解方法及松弛因子设置

在边界条件设置完之后，下一步对求解方法及松弛因子进行设置。

（1）在工作界面左侧的"Solution"下双击"Methods"选项，弹出"Solution Methods"（求解方法）设置面板。在"Scheme"下拉列表框中选择"SIMPLE"算法，在"Gradient"下拉列表框中选择"Least Squares Cell Based"选项，在"Pressure"下拉列表框中选择"Standard"选项，动量选择选二阶迎风，湍动能及耗散能选择一阶迎风进行离散计算，其余如图 14.30 所示设置。

（2）在工作界面左侧的"Solution"下双击"Controls"选项，弹出"Solution Controls"（松弛因子）设置面板，参数设置如图 14.31 所示。

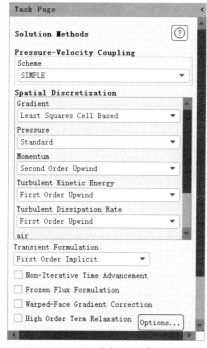

图 14.30　模型求解方法参数设置

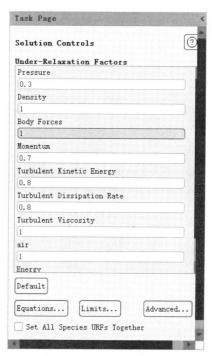

图 14.31　松弛因子参数设置

14.4.2　求解过程监测设置

对求解方法及松弛因子设置完之后，下一步进行求解过程监测设置。

（1）在工作界面左侧的"Solution"下双击"Monitors"下的"Residual"选项，弹出"Residual Monitors"（残差计算曲线）设置对话框。在"Iterations to Plot"选项文本框中输入"1000"，在"Iterations to Store"选项文本框中输入"1000"，连续性方程、速度等收敛精度保持默认为"0.001"，能量方程收敛精度默认为"1e-06"，如图 14.32 所示。

（2）单击"OK"按钮，保存对计算残差曲线的设置。

图 14.32　残差曲线监测设置

14.4.3　参数初始化设置

在对求解过程监测设置完之后，下一步对参数初始化进行设置。

（1）在工作界面左侧的"Solution"下双击"Initialization"选项，弹出"Solution Initialization"（参数初始化）设置面板，在"Initialization Methods"栏下选中"Hybrid Initialization"单选按钮，如图 14.33 所示。

（2）在图 14.33 中单击"Initialize"按钮，进行整个设置的参数初始化。

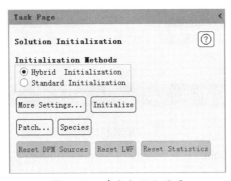

图 14.33　参数初始化设置

（3）初始化之后，要进行计算区域污染物浓度的初始化。单击"Patch"按钮，弹出如图 14.34 所示的"Patch"设置对话框，在"Variable"下选择"air"选项，在"Zones to Patch"下选择"fluid"选项，在"Value"文本框中输入"1"。单击"Patch"按钮即可完成房间区域内的初始空气浓度设置。

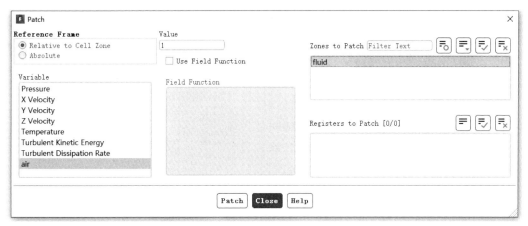

图 14.34　大空间内污染物浓度初始化设置

14.4.4　输出保存设置文件

对初始化设置完成后，进行文件保存设置。

（1）在工作界面中选择"File"→"Write"→"Case"命令，如图 14.35 所示。将设置好的 Case 文件保存在工作目录下。

（2）在工作界面中选择"File"→"Write"→"Autosave"命令，弹出如图 14.36 所示的"Autosave"设置对话框。在"Save Data File Every"选项文本框中输入"60"（代表 60s 自动保存一次计算结果），并在右侧的下拉列表框中选择"Time Steps"选项，在"File Name"下选择刚刚保存的 Case 文件，单击"OK"按钮保存设置。

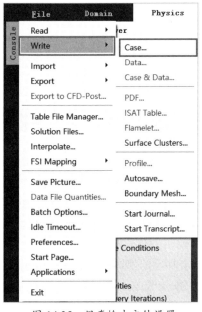

图 14.35　保存输出文件设置

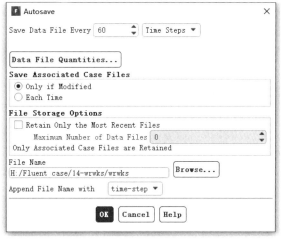

图 14.36　自动保存输出文件设置

14.4.5 求解计算设置

对参数初始化设置完之后，下一步进行求解计算设置。

（1）在工作界面左侧的"Solution"下双击"Run Calculation"选项，弹出"Run Calculation"（求解计算）设置面板。首先单击"Check Case"按钮，对整个 Case 文件中的设置过程进行检查，看是否存在问题。

（2）因为是非稳态计算，需要设置非稳态时间计算步长及计算步数，考虑到大空间内污染物扩散所需时间，则在"Time Step Size（s）"选项文本框中输入"1"（计算时间步长），在"Number of Times Steps"选项文本框中输入"360"，其他参数设置如图 14.37 所示。

（3）单击"Calculate"按钮，对整个设置的 Case 文件进行计算。

（4）如果计算过程中需要停止计算，则单击取消即可。

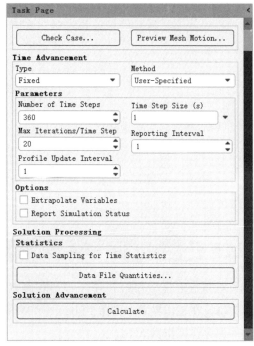

图 14.37 非稳态求解计算设置

14.5 结果处理及分析

在计算设置完成后，需要对计算结果进行后处理，下面将介绍如何创建截面，并进行速度云图、污染物浓度分布显示及数据后处理分析等。

14.5.1 创建分析截面

为了更好地进行结果分析，下面将依次创建分析截面 x=268.5 及 y=-33，具体操作步骤如下。

（1）在工作界面左侧的"Results"下右击"Surface"选项，在弹出的快捷菜单中选择"New"→"Plane"命令，弹出"Plane Surface"对话框。在"Name"文本框中输入"x=268.5"，在"Method"下拉列表框中选择"YZ Plane"选项，在"X（m）"选项文本框中输入"268.5"，创建分析截面 x=268.5，如图 14.38 所示。

（2）在工作界面左侧的"Results"下右击"Surface"选项，在弹出的快捷菜单中选择"New"→"Plane"命令，弹出"Plane Surface"对话框。在"New Surface Name"文本框中输入"y=-33"，在"Method"下拉列表框中选择"ZX Plane"选项，在"Y（m）"文本框中输入"-33"，创建分析截面"y=-33"，如图 14.39 所示。

图 14.38　创建截面 x=268.5 设置

图 14.39　创建截面 y=-33 设置

14.5.2　污染物浓度云图分析

　　污染物浓度分析是大空间内气体污染物扩散仿真计算的重点，如何基于创建的分析截面进行污染物浓度分析，并找出最大浓度分布位置所在，就显得尤为重要。在分析截面创建完成后，下一步对分析截面的污染物浓度云图进行显示，其具体的操作步骤如下。

　　（1）因为是非稳态计算，首先分析 wrwks-00060.dat 的自动保存数据，即时长为 60s 的数据，导入计算结果的步骤如图 14.40 所示。

　　（2）双击工作界面左侧的"Graphics"选项，弹出"Graphics and Animations"（图形和动画）设置面板，如图 14.41 所示。

图 14.40　导入自动保存的 t=60s 的计算结果文件

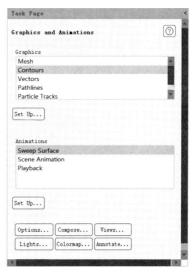
图 14.41　图形和动画结果设置

　　（3）双击"Graphics"下的"Contours"选项，弹出"Contours"设置对话框。在"Contour Name"文本框中输入"species-x-268.5"，在"Options"栏下分别选中"Filled"和"Node Values"复选框，其他的按照图 14.42 所示进行设置，在"Contours of"下拉列表框中选择"Species"选项。

单击"Save/Display"按钮，显示如图 14.43 所示的浓度分布云图。

图 14.42　t=60s 时刻截面 x=268.5 的污染物浓度分布云图显示设置

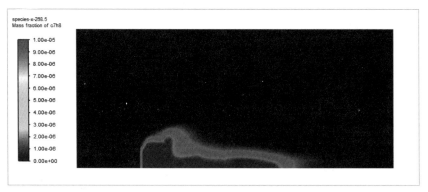

图 14.43　t=60s 时刻截面 x=268.5 的污染物浓度分布云图

（4）在现有 Case 设置下，继续导入保存时间为 wrwks-00360.dat 的计算结果，即 t=360s 时刻的数据，如图 14.44 所示。

图 14.44　导入自动保存的 t=360s 时刻的计算结果文件设置

（5）双击"Graphics"下的"Contours"选项，弹出"Contours"设置对话框。在"Contour Name"文本框中输入"species-x-268.5"，在"Options"栏下分别选中"Filled"和"Node Values"复选框，其他的按照图 14.45 所示进行设置，在"Contours of"下拉列表框中选择"Species"选项。单击"Save/Display"按钮，显示如图 14.46 所示的浓度分布云图。

图 14.45　t=360s 时刻截面 x=268.5 的污染物浓度分布云图显示设置

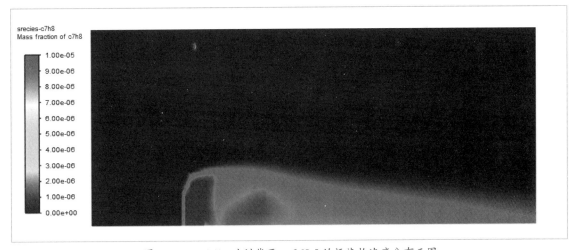

图 14.46　t=360s 时刻截面 x=268.5 的污染物浓度分布云图

（6）双击"Graphics"下的"Contours"选项，弹出"Contours"设置对话框。在"Contour Name"文本框中输入"species-all"，在"Options"栏下分别选中"Filled"和"Node Values"复选框，其他的按照图 14.47 所示进行设置。选中"Draw Mesh"复选框，则弹出如图 14.48 所示的"Mesh Display"设置对话框，参照图中参数进行设置，单击"Display"按钮保存。在"Contours of"下拉列表框中选择"Species"选项。单击"Save/Display"按钮，显示如图 14.49 所示的浓度分布云图。

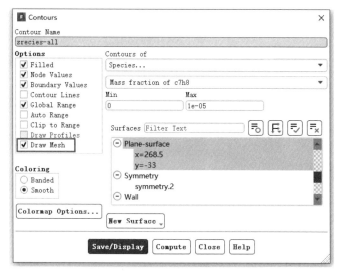

图 14.47　t=360s 时刻大空间内污染物浓度分布云图显示设置

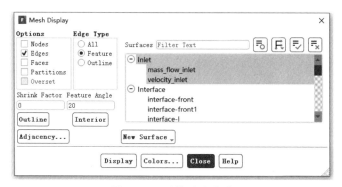

图 14.48　网格显示设置

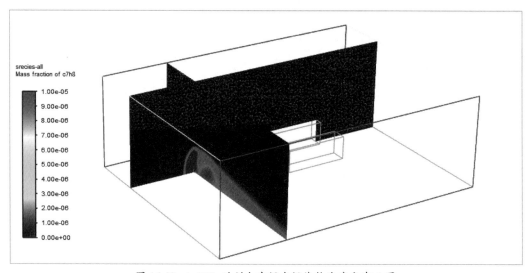

图 14.49　t=360s 时刻大空间内污染物浓度分布云图

14.5.3　速度云图分析

大空间内气体的速度场分布能直观显示出大空间内部空气及污染物的流动情况。因此如何进行截面速度分析就显得尤为重要。在对截面的污染物浓度云图分析完成后，下一步对截面的速度云图进行显示，其具体的操作步骤如下。

（1）双击工作界面左侧的"Graphics"选项，弹出"Graphics and Animations"（图形和动画）设置面板，如图 14.50 所示。

（2）双击"Graphics"下的"Contours"选项，弹出"Contours"设置对话框。在"Contour Name"文本框中输入"velocity-x-268.5"，在"Options"栏下分别选中"Filled"和"Node Values"复选框，在"Contours of"下拉列表框中选择"Velocity"选项，如图 14.51 所示。单击"Save/Display"按钮，显示如图 14.52 所示的速度云图。

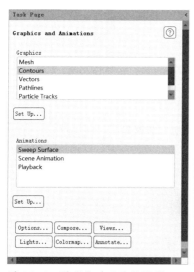

图 14.50　图形和动画结果设置

图 14.51　t=360s 时刻截面 x=268.5 的速度分布云图显示设置

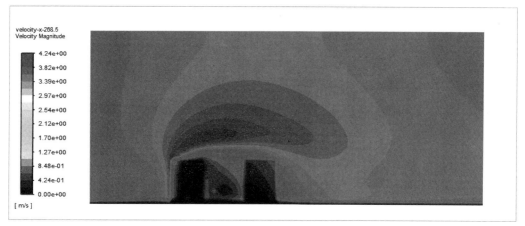

图 14.52　t=360s 时刻截面 x=268.5 的速度分布云图

（3）双击"Graphics"下的"Contours"选项，弹出"Contours"设置对话框。在"Contours Name"文本框中输入"velocity-all"，在"Options"栏下分别选择"Filled"和"Node Values"复选框，在"Contours of"下拉列表框中选择"Velocity"选项，如图 14.53 所示。单击"Save/Display"按钮，显示如图 14.54 所示的速度云图。

图 14.53　t=360s 时刻大空间内速度分布云图显示设置

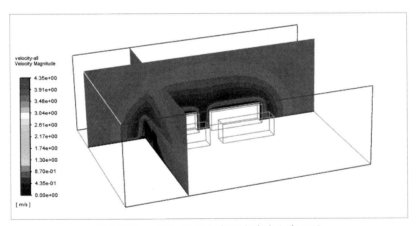

图 14.54　t=360s 时刻大空间内速度分布云图

14.5.4　计算结果数据后处理分析

在完成污染物浓度云图及速度云图等定性分析后，如何基于计算结果进行定量分析也非常重要，计算结果数据定量分析的操作步骤如下。

（1）在工作界面左侧的"Results"下双击"Reports"选项，弹出"Reports"设置面板，如图 14.55 所示。

（2）双击"Surface Integrals"选项，弹出如图 14.56 所示的截面计算结果处理设置对话框，在"Report Type"下拉列表框中选择"Area-Weighted Average"（面平均），在"Field Variable"下拉列表框中选择"Species"选项，在"Surface"下选择"x=268.5"选项，单击"Compute"按钮，计算得出"x=268.5"截面污染物质量分数约为 3.16×10^{-6}。

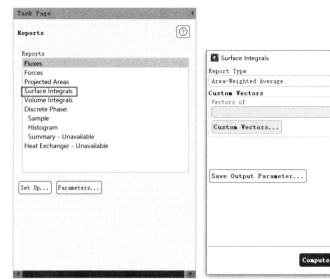

图 14.55　结果计算处理设置

图 14.56　截面 x=268.5 的污染物质量分数计算结果

（3）在"Report Type"下拉列表框中选择"Area-Weighted Average"（面平均），在"Field Variable"下拉列表框中选择"Species"选项，在"Surfaces"下选择"outlet"选项，单击"Compute"按钮，计算得出出口截面污染物质量分数约为 1.1×10^{-7}，如图 14.57 所示。

图 14.57　出口截面污染物质量分数计算结果

（4）双击工作界面左侧的"Results"下的"Reports"选项，弹出"Reports"设置面板，如图 14.58 所示。

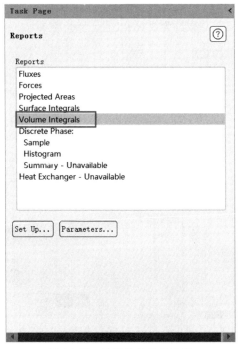

图 14.58　结果计算处理设置

（5）在图 14.58 中双击"Volume Integrals"选项，弹出如图 14.59 所示的流体域计算结果处理设置对话框。在"Report Type"栏下选中"Volume-Average"（体积平均）单选按钮，在"Field Variable"下拉列表框中选择"Species"选项，在"Cell Zones"下选择"fluid"选项。单击"Compute"按钮，计算得出大空间内污染物的平均质量分数约为 1.47×10^{-7}。

图 14.59　大空间内污染物质量分数计算结果

第 15 章

锅炉烟道内 SNCR 脱硝冷态模拟分析研究

　　现在越来越注重环保，所以，对工业锅炉及煤粉锅炉燃烧烟气排放的要求更加严格，需要对尾部烟气进行脱硝处理。因此如何运用 Fluent 软件来进行定性、定量分析此类问题就显得尤为重要，但是如果直接对热态及加入反应模型进行仿真计算，就会大大增加工作量。本章以锅炉烟道内选择性非催化还原（SNCR）脱硝冷态分析为例，介绍如何对锅炉烟道内选择性非催化还原脱硝冷态分析进行仿真计算。

学习目标：

- 学习如何对边界条件多组分参数进行设置
- 学习如何运用组分输送模型对不同组分气体进行混合设置

　　注意：本章内容涉及气态组分输送模型等效处理设置，仿真时需要重点关注。

15.1 案例简介

本案例以锅炉烟道内 SNCR 脱硝冷态模拟为研究对象，几何模型如图 15.1 所示。其中氨气进口在几何模型左侧，氨气进口简化为 5 个入口，烟气进口及出口如图 15.1 所示，其余为假设绝热墙面，应用 Fluent 2020 软件进行锅炉烟道内 SNCR 脱硝冷态模拟研究。

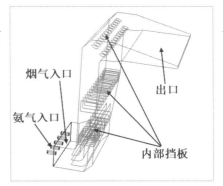

图 15.1 大空间内污染物扩散分析几何模型

15.2 软件启动及网格导入

运行 Fluent 软件并进行网格导入，具体操作步骤如下。

（1）在桌面中双击"Fluent 2020"快捷方式图标，启动 Fluent 2020 软件；或在"开始"菜单下选择"所有程序"→"ANSYS 2020"→"Fluent 2020"命令进入"Fluent Launcher"界面。

（2）在"Fluent Launcher"界面中的"Dimension"下选中"3D"单选按钮，在"Options"栏下分别选中"Double Precision"和"Display Mesh After Reading"复选框。单击"Show More Options"选项，在"General Options"选项卡中"Working Directory"处选择工作目录，如图 15.2 所示，单击"OK"按钮进入 Fluent 主界面。

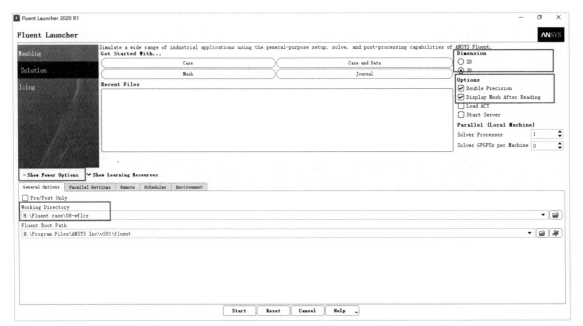

图 15.2 Fluent 软件启动界面及工作目录选取

（3）在 Fluent 主界面中，选择"File"→"Read"→"Mesh"命令，弹出网格导入的"Select

File"对话框，选择名称为"glyd.msh"的网格文件，单击"OK"按钮便可导入网格。

（4）导入网格后，在图形显示区将显示几何模型。

15.3 模型、材料及边界条件设置

15.3.1 总体模型设置

网格导入成功后，对 General 总体模型进行设置，具体操作步骤如下。

（1）在工作界面左侧的"Setup"下双击"General"选项，弹出"General"（总体模型）设置面板，如图 15.3 所示。

（2）在"Mesh"栏下单击"Scale"按钮，弹出"Scale Mesh"设置对话框进行网格尺寸大小检查，如图 15.4 所示。在"Mesh Was Created In"下拉列表框中选择"mm"选项，单击"Scale"按钮，将网络尺寸单位修改为 mm，具体操作如图 15.4 所示。

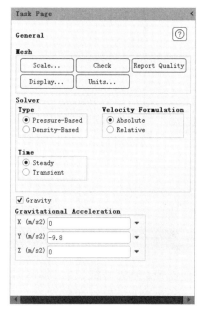

图 15.3　General 总体模型设置

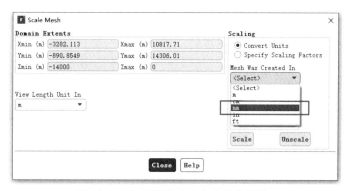

图 15.4　Mesh 网格尺寸大小检查设置

（3）在图 15.3 中的"Mesh"栏下单击"Check"按钮，进行网格检查，检查网格划分是否存在问题，如图 15.5 所示。

```
Console                                               ⊡ ◁
   z-coordinate: min (m) = -1.400000e+01, max (m) = 0.000000e+00
 Volume statistics:
   minimum volume (m3): 2.932438e-07
   maximum volume (m3): 3.446063e-03
     total volume (m3): 5.614808e+02
 Face area statistics:
   minimum face area (m2): 6.064880e-05
   maximum face area (m2): 4.258159e-02
 Checking mesh.........................
 Done.                                                 ✓
```

图 15.5　Mesh 网格检查设置

（4）在图 15.3 中的"Mesh"栏下单击"Report Quality"按钮，查看网格质量。

（5）在图 15.3 中的"Solver"栏中，在"Type"下选中"Pressure-Based"单选按钮，即选择基于压力求解；在"Time"下选中"Steady"单选按钮，即进行稳态计算。

（6）其他选项保持默认设置，如图 15.3 所示。

（7）在工作界面中选择"Physics"→"Solver"→"Operating Conditions"命令，弹出如图 15.6 所示的"Operating Conditions"（操作压力重力条件）设置对话框，在"Gravity"栏下选中"Gravity"复选框，在"Y（m/s2）"文本框中输入"-9.81"，单击"OK"按钮进行确认。

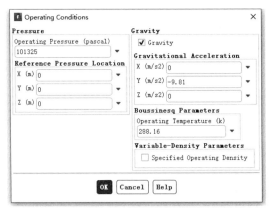

图 15.6　操作压力设置

15.3.2　物理模型设置

General 总体模型设置完成后，接下来进行仿真计算物理模型设置。通过对锅炉烟道内 SNCR 脱硝冷态模拟分析可知，需要设置能量方程、烟气流动模型及组分输送模型。通过计算烟气进口的雷诺数，判断锅炉烟道内气体的流动状态为湍流状态，具体操作步骤如下。

（1）在工作界面左侧的"Setup"下双击"Models"选项，弹出"Models"（物理模型）设置面板。

（2）双击"Models"下的"Energy"选项，打开"Energy"对话框，选中"Energy Equation"复选框，如图 15.7 所示。

（3）双击"Models"下的"Viscous"选项，打开"Viscous Model"设置对话框，进行湍流流动模型设置。在"Model"栏下选中"k-epsilon（2 eqn）"单选按钮，在"k-epsilon Model"下选中

"Realizable" 单选按钮，其余参数如图 15.8 所示保持默认，单击 "OK" 按钮保存设置。

图 15.7　能量方程设置　　　　图 15.8　湍流模型设置

（4）双击 "Models" 下的 "Species（Species Transport）" 选项，打开 "Species Models"（组分输送）设置对话框，进行组分输送模型设置。在 "Model" 栏下选中 "Species Transport" 单选按钮，在 "Options" 栏下分别选中 "Inlet Diffusion" 和 "Diffusion Energy Source" 复选框，在 "Mixture Material" 下选择 "carbon-monoxide-air" 选项，其余参数保持默认设置，如图 15.9 所示。

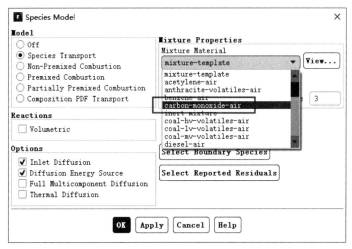

图 15.9　组分输送模型设置

15.3.3 材料设置

对 Model 物理模型设置完成后，下一步进行材料属性的设置。

（1）在工作界面左侧的"Setup"下双击"Materials"选项，弹出"Materials"（材料属性）设置面板，如图 15.10 所示。

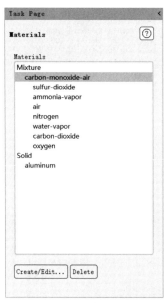

图 15.10　材料属性设置

（2）在图 15.10 中的"Materials"栏下双击"Mixture"中的"carbon-monoxide-air"，打开"carbon-monoxide-air"材料设置对话框，如图 15.11 所示。

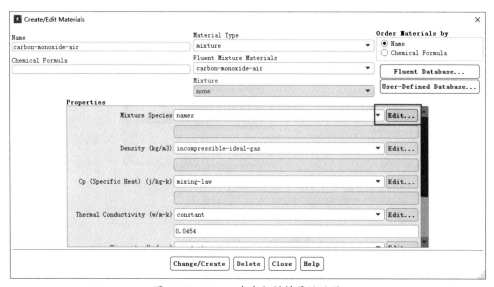

图 15.11　Fluent 中空气材料属性设置

在图 15.11 中单击"Mixture Species"右侧的"Edit"按钮，弹出如图 15.12 所示的"Species"设置对话框。

图 15.12 混合组分构成设置

（3）双击"Solid"下的"aluminum"，弹出"Create/Edit Materials"设置对话框，参数保持默认设置，单击"Change/Create"按钮，如图 15.13 所示。

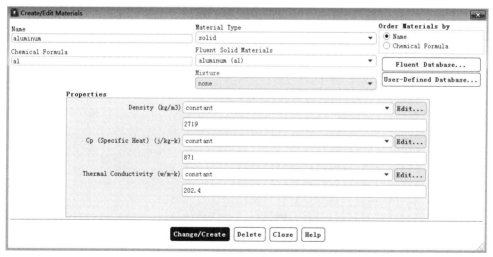

图 15.13 铝材料属性设置

15.3.4 计算域设置

在对材料属性设置完成后，下面对计算域内材料属性进行设置。通过问题分析可知，大空间内为污染物气体及空气的混合物，具体操作设置如下。

（1）在工作界面左侧的"Setup"下双击"Cell Zone Conditions"选项，弹出"Cell Zone Conditions"设置面板，如图 15.14 所示。

图 15.14　计算域内材料设置

（2）在图 15.14 中的"Zone"下双击"fluid"选项，弹出如图 15.15 所示的"Fluid"（流体域）设置对话框，在"Material Name"下拉列表框中选择"carbon-monoxide-air"选项，其余参数保持默认设置，单击"OK"按钮，保存流域内材料属性的设置。

图 15.15　流体域内材料设置

15.3.5 边界条件设置

对计算域内材料设置完成后，下一步进行边界条件设置。

（1）在工作界面左侧的"Setup"下双击"Boundary Conditions"选项，弹出"Boundary

Conditions"（边界条件）设置面板，如图 15.16 所示。

（2）在图 15.16 中的"Zone"下双击"nh3in"选项，弹出氨气入口设置对话框。选择"Momentum"选项卡，在"Mass Flow Specification Method"下拉列表框中选择"Mass Flow Rate"选项，在"Mass Flow Rate（kg/s）"选项文本框中输入"0.2946"，在"Turbulence"栏下的"Specification Method"下选择"Intensity and Viscosity Ratio"选项，在"Turbulent Intensity"选项文本框中输入"5"，在"Turbulence Viscosity Ratio"选项文本框中输入"10"，其余参数保持默认设置，如图 15.17 所示。

图 15.16　边界条件设置

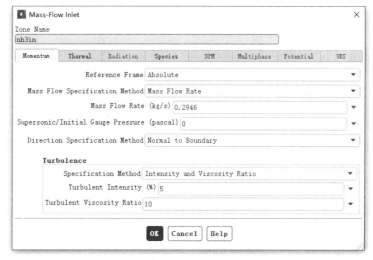

图 15.17　氨气质量入口边界设置

选择"Thermal"选项卡，在"Total Temperature"文本框中输入"573.15"，如图 15.18 所示。

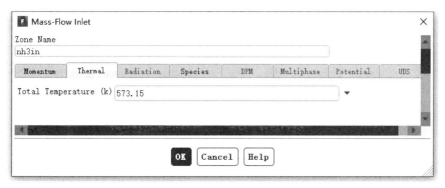

图 15.18　氨气入口边界温度设置

选择"Species"选项卡，在"air"选项文本框中输入"0.957"，在"nh3"选项文本框中输入"0.043"，如图 15.19 所示。

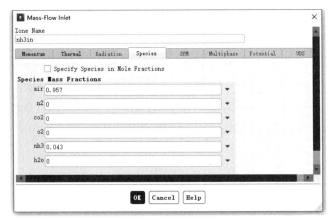

图 15.19　氨气入口空气及氨气质量分数设置

（3）在图 15.16 中双击"yanqiin"选项，弹出烟气入口的设置对话框。在"Mass Flow Rate（kg/s）"选项文本框中输入"168.93"，在"Turbulence"栏下的"Specification Method"下选择"Intensity and Viscosity Ratio"选项，在"Turbulent Intensity"选项文本框中输入"5"，在"Turbulence Viscosity Ratio"选项文本框中输入"10"，其余参数默认保持设置，如图 15.20 所示。

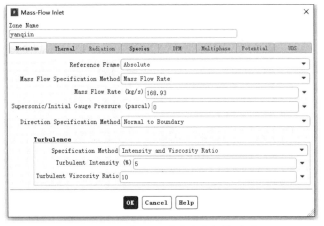

图 15.20　烟气入口质量流量数值设置

选择"Thermal"选项卡，在"Total Temperature"选项文本框中输入"573.15"，如图 15.21 所示。

图 15.21　烟气入口温度数值设置

选择"Species"选项卡，在"air"选项文本框中输入"0"，在"n2"选项文本框中输入"0.746"，在"co2"选项文本框中输入"0.1544"，在"o2"选项文本框中输入"0.0396"，在 nh3选项文本框中输入"0"，在"h2o"选项文本框中输入"0.053"，如图 15.22 所示。

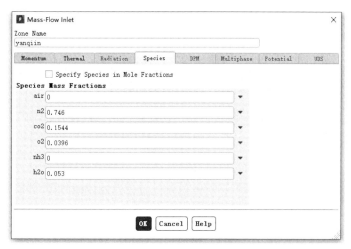

图 15.22　烟气入口质量分数设置

（4）在图 15.16 中双击"pressureout"选项，弹出"Pressure Outlet"对话框，对出口压力进行设置。在"Gauge Pressure（pascal）"选项文本框中输入"0"，在"Turbulence"栏下的"Specification Method"下选择"Intensity and Viscosity Ratio"选项，在"Backflow Turbulent Intensity"选项文本框中输入"5"，在"Backflow Turbulence Viscosity Ratio"选项文本框中输入"10"，其余参数保持默认设置，如图 15.23 所示。

图 15.23　出口压力值设置

选择"Thermal"选项卡，在"Backflow Total Temperature"选项文本框中输入"573.15"，如图15.24 所示。

图 15.24　出口温度值设置

选择"Species"选项卡，在"air"选项文本框中输入"1"，如图 15.25 所示。

图 15.25　出口回流组分质量分数设置

（5）在图 15.16 中双击"waike"，弹出"waike"设置对话框。选择"Thermal"选项卡，在"Thermal Conditions"栏下选中"Heat Flux"单选按钮，在"Heat Flux"选项文本框中输入"0"，其余参数保持默认设置，如图 15.26 所示。

图 15.26　锅炉烟道边界条件设置

（6）在图 15.16 中双击"dangban1"选项，弹出"dangban1"设置对话框。在"Thermal Conditions"栏下选中"Coupled"单选按钮，其余参数保持默认设置，如图 15.27 所示。

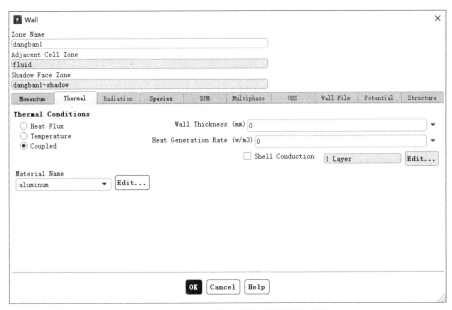

图 15.27　锅炉烟道内挡板边界条件设置

（7）在图 15.16 中右击"dangban1"，在弹出的快捷菜单中选择"Copy"命令，弹出"Copy Conditions"设置对话框。在"From Boundary Zone"下选择"dangban1"，在"To Boundary Zones"下选择如图 15.28 所示的面，其余参数保持默认设置，单击"Copy"按钮保存设置。

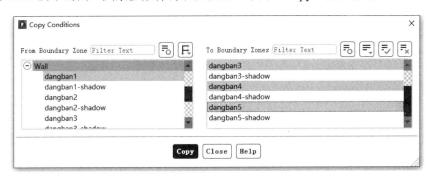

图 15.28　批量化边界条件设置

15.4　求解设置

15.4.1　求解方法及松弛因子设置

在对边界条件设置完之后，下一步对求解方法及松弛因子进行设置。

（1）在工作界面左侧的"Solution"下双击"Methods"选项，弹出"Solution Methods"（求解方法）设置面板。在"Scheme"下选择"SIMPLE"算法，在"Gradient"下选择"Least Squares Cell Based"选项，在"Pressure"下选择"Standard"选项，动量选择选二阶迎风，湍动能及耗散能选择一阶迎风进行离散计算，其余按如图 15.29 所示进行设置。

（2）在工作界面左侧的"Solution"下双击"Controls"选项，弹出"Solution Controls"（松弛因子）设置面板，参数设置如图 15.30 所示。

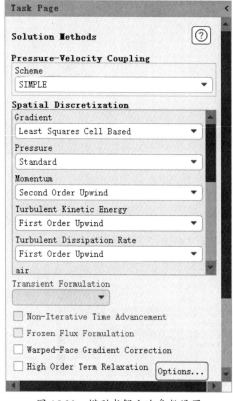

图 15.29　模型求解方法参数设置

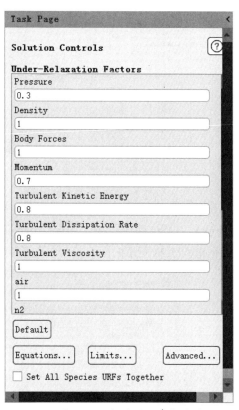

图 15.30　松弛因子参数设置

15.4.2　求解过程监测设置

对求解方法及松弛因子进行设置完之后，下一步对求解过程进行监测设置。

（1）在工作界面左侧的"Solution"下双击"Monitors"下的"Residual"选项，弹出"Residual Monitors"（残差计算曲线）设置对话框。在"Iterations to Plot"选项文本框中输入"1000"，在"Iterations to Store"选项文本框中输入"1000"，连续性方程、速度等收敛精度保持默认为"0.001"，能量方程收敛精度默认为"1e-6"，如图 15.31 所示。

（2）单击"OK"按钮，保存计算残差曲线设置。

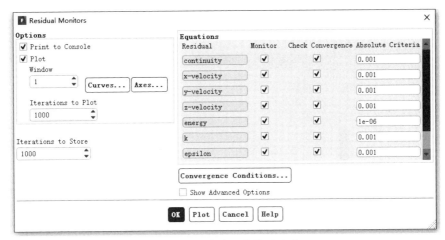

图 15.31　残差曲线监测设置

15.4.3　参数初始化设置

在对求解过程监测设置完之后，下一步要对参数进行初始化设置。

（1）在工作界面左侧的"Solution"下双击"Initialization"选项，弹出"Solution Initialization"（参数初始化）设置面板，在"Initialization Methods"栏下选中"Hybrid Initialization"单选按钮，如图 15.32 所示。

（2）在图 15.32 中单击"Initialize"按钮，进行整个设置的参数初始化。

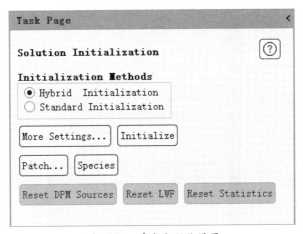

图 15.32　参数初始化设置

（3）参数初始化设置之后，要对计算区域内气体组分浓度进行初始化。单击"Patch"按钮，弹出如图 15.33 所示的"Patch"设置对话框，在"Variable"下选择"air"选项，在"Zones to Patch"下选择"fluid"选项，在"Value"文本框中输入"1"。单击"Patch"按钮完成锅炉烟道计算区域内的空气组分设置。

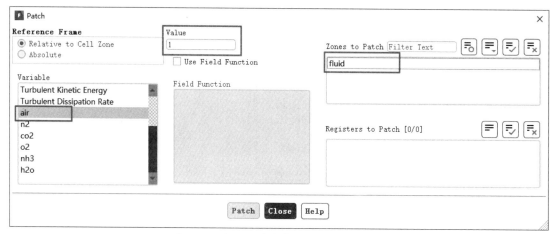

图 15.33　锅炉烟道内空气浓度初始化设置

15.4.4　输出保存设置文件

在进行初始化设置后，下一步对设置文件进行保存。在工作界面中选择"File"→"Write"→"Case"命令，将设置好的 Case 文件保存在工作目录下，如图 15.34 所示。

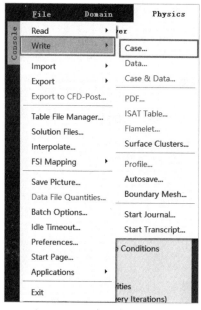

图 15.34　保存输出文件设置

15.4.5　求解计算设置

在对参数初始化设置完之后，下一步进行求解计算设置。

（1）在工作界面左侧的"Solution"下双击"Run Calculation"选项，弹出"Run Calculation"（求解计算）设置面板。首先单击"Check Case"，对整个 Case 文件中的设置过程进行检查，看是否存在问题。

（2）在"Number of Iterations"选项文本框中输入"5000"，其他参数按如图 15.35 所示进行设置。

（3）单击"Calculate"按钮，对整个设置的 Case 文件进行计算。

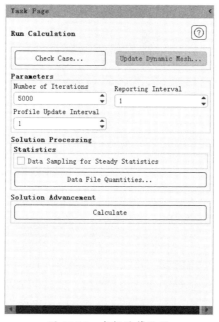

图 15.35　求解计算设置

15.5　结果处理及分析

在计算完成后，需要进行计算结果后处理，下面将介绍如何创建截面，并进行速度云图、烟气组分浓度云图显示及数据后处理分析等。

15.5.1　创建分析截面

为了更好地进行结果分析，下面将依次创建分析截面 z=-6.6 及 y=-3.7，具体操作步骤如下。

（1）在工作界面左侧的"Results"下右击"Surface"选项，在快捷菜单中选择"New"→"Plane"命令，弹出"Plane Surface"对话框。在"New Surface Name"文本框中输入"z=-6.6"，在"Method"下拉列表框中选择"XY Plane"选项，在"Z(m)"文本框中输入"-6.6"，创建分析截面 z=-6.6，如图 15.36 所示。

图 15.37 所示为截面 z=-6.6 在烟道截面位置的示意图。

（2）在工作界面左侧的"Results"下右击"Surface"选项，在快捷菜单中选择"New"→"Plane"命令，弹出"Plane Surface"对话框。在"Name"文本框中输入"z=-3.7"，在"Method"下选择"XY Plane"选项，在"Z（m）"文本框中输入"-3.7"，创建分析截面 y=-3.7，如图 15.38 所示。

图 15.36　Fluent 中创建截面 z=-6.6 设置　　图 15.37　截面 z=-6.6 位置示意图　　图 15.38　创建截面 z=-3.7 设置

15.5.2　烟气组分浓度云图分析

烟气组分浓度分析是锅炉烟道内 SNCR 脱硝冷态模拟仿真计算的重点，如何基于创建的截面进行烟气组分浓度分析并得到不同烟气组分的分布规律，就显得尤为重要。在分析截面创建完成后，下一步对分析截面的烟气组分浓度云图进行显示，其具体的操作步骤如下。

（1）双击工作界面左侧的"Graphics"选项，弹出"Graphics and Animations"（图形和动画）设置面板，如图 15.39 所示。

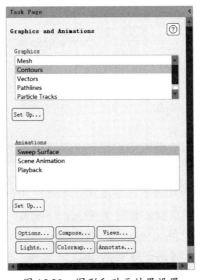

图 15.39　图形和动画结果设置

（2）双击"Graphics"下的"Contours"选项，弹出"Contours"设置对话框。在"Contour Name"文本框中输入"species-z-6.6"，在"Options"栏下分别选中"Filled"和"Node Values"复选框，其他的按照图15.40进行选择，在"Contours of"下拉列表框中分别选择"Species"和"Mass fraction of nh3"选项。单击"Save/Display"按钮，显示如图 15.41 所示的氨气浓度分布云图。

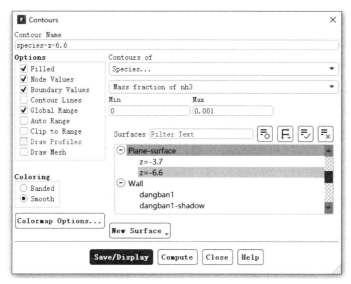

图 15.40　截面 z=-6.6 的氨气浓度分布云图显示设置

图 15.41　截面 z=-6.6 的氨气浓度分布云图

（3）双击"Graphics"下的"Contours"选项，弹出"Contours"设置对话框。在"Contour Name"文本框中输入"species-all"，在"Options"栏下分别选中"Filled"和"Node Values"复选框，其他的按照图 15.42 进行选择。选中"Draw Mesh"复选框，则弹出如图 15.43 所示"Mesh Display"设置对话框，按照图中参数进行设置，单击"Display"按钮保存。在"Contours of"下拉列表框中分别选择"Species"和"Mass fraction of nh3"选项，单击"Save/Display"按钮，显示如图 15.44 所示的氨气浓度分布云图。

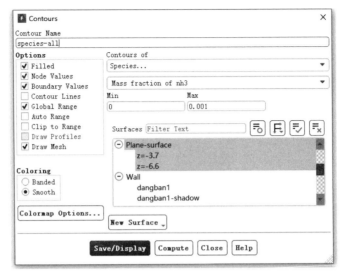

图 15.42　锅炉烟道内氨气浓度分布云图显示设置

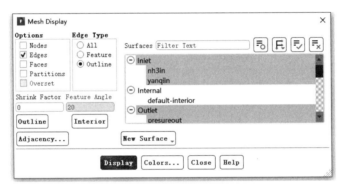

图 15.43　网格显示设置

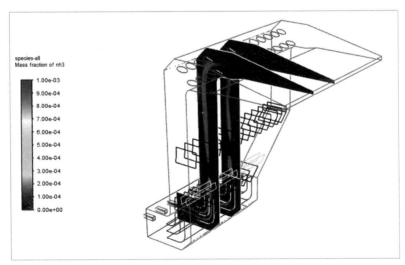

图 15.44　锅炉烟道内氨气浓度分布云图

15.5.3　速度云图分析

锅炉烟道内烟气的速度场分布直观显示出锅炉烟道内部烟气的流动情况。因此如何进行截面速度分析也非常重要。在对截面烟气组分浓度云图分析完成后，下一步进行分析截面的速度云图显示，其具体的操作步骤如下。

（1）双击工作界面左侧的"Graphics"选项，弹出"Graphics and Animations"（图形和动画）设置面板，如图 15.45 所示。

（2）双击"Graphics"下的"Contours"选项，弹出"Contours"设置对话框。在"Contour Name"文本框中输入"velocity-z-6.6"，在"Options"栏下分别选中"Filled"和"Node Values"复选框，在"Contours of"下拉列表框中选择"Velocity"选项，如图 15.46 所示。单击"Save/Display"按钮，显示如图 15.47 所示的速度云图。

图 15.45　图形和动画结果设置

图 15.46　截面 z=-6.6 的速度分布云图显示设置

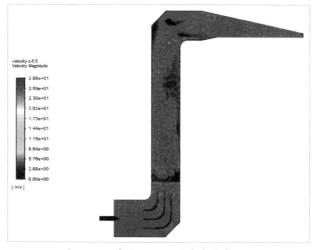

图 15.47　截面 z=-6.6 的速度分布云图

（3）双击"Graphics"下的"Contours"选项，弹出"Contours"设置对话框。在"Contour Name"文本框输入"velocity-all"，在"Options"栏下分别选中"Filled"和"Node Values"复选框，其他的按照图 15.48 所示进行设置。选中"Draw Mesh"复选框，弹出如图 15.49 所示的"Mesh Display"设置对话框，按照图中参数进行设置，单击"Display"按钮保存。然后在图 15.48 中的"Contours of"下拉列表框中选择"Velocity"选项，单击"Save/Display"按钮，则显示如图 15.50 所示的速度分布云图。

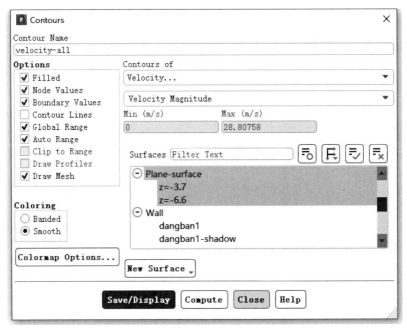

图 15.48　锅炉烟道速度分布云图显示设置

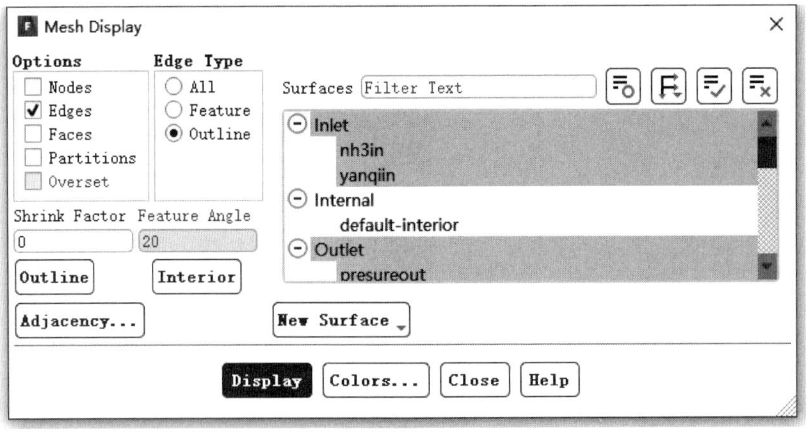

图 15.49　网格显示设置

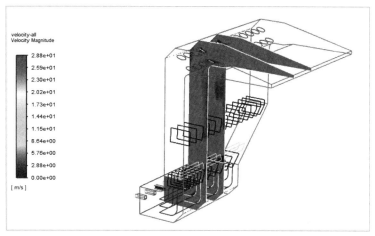

图 15.50　锅炉烟道速度分布云图

15.5.4　计算结果数据后处理分析

在完成烟气组分浓度云图及速度云图的定性分析后，要对计算结果进行数据后处理分析。如何基于计算结果进行定量分析也非常重要，计算结果数据定量分析的操作步骤如下。

（1）在工作界面左侧的"Results"下双击"Reports"选项，弹出"Reports"设置面板，如图 15.51 所示。

（2）双击"Surface Integrals"选项，弹出如图 15.52 所示的截面计算结果处理设置对话框。在"Report Type"下拉列表框中选择"Area-Weighted Average"（面平均）选项，在"Field Variable"下拉列表框中选择"Species"选项，在"Surface"下选择"z=-6.6"选项，单击"Compute"按钮，计算得出截面 z=-6.6 的氨气质量分数约为 0.000402。

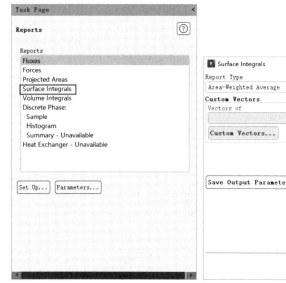

图 15.51　结果计算处理设置

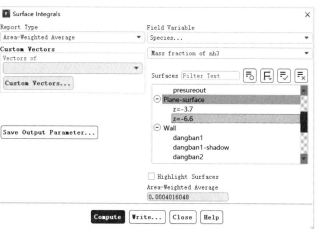

图 15.52　截面 z=-6.6 的氨气质量分数计算结果

（3）在"Report Type"下拉列表框中选择"Area-Weighted Average"（面平均），在"Field Variable"下拉列表框中选择"Species"选项，在"Surface"下选择"pressureout"选项，单击"Compute"按钮，计算得出出口截面氨气的质量分数约为 $4.56×10^{-5}$，如图 15.53 所示。

（4）在工作界面左侧的"Results"下双击"Reports"选项，弹出"Reports"设置面板，如图 15.54 所示。

图 15.53　出口截面氨气质量分数计算结果　　　图 15.54　Fluent 中结果计算处理设置

（5）在图 15.54 中双击"Volume Integrals"选项，弹出如图 15.55 所示的流体域计算结果处理设置对话框。在"Report Type"栏下选中"Volume-Average"（体积平均）单选按钮，在"Field Variable"下拉列表框中选择"Species"选项，在"Cell Zones"下选择"fluid"选项，单击"Compute"按钮，计算得出锅炉烟道内氨气的平均质量分数约为 0.00011。

图 15.55　锅炉烟道内氨气质量分数计算结果